맛있는 요리를 만드는 레시피가 있는 것처럼 웃음, 힐링, 성장을 만드는 레시피도 있을까요?
레시피팩토리는 모호함으로 가득한 이 세상에서 당신의 작은 행복을 위한 간결한 레시피가 되겠습니다.

PLATING
RECIPE

일상의 식탁을 빛나게 하는 플레이팅 레시피

평범한 재료, 심심한 요리가
새롭고 특별해지는
한끗 다른 방법들

레시피팩토리

그림 같은 한 끼,
요리와 미술, 두 예술의 조화를 향한 나의 여정,
일상 요리의 담음새를 알려주는 푸드 아티스트

Prologue

어머니의 요리와 미술에 대한 사랑 덕분에 우리 자매는 감사하게도 문화와 예술이 숨 쉬는 환경에서 성장했습니다. 어머니께서는 음식점에서 맛본 요리를 집에서 완벽히 재현해 내셨고, 자연스럽게 저도 가족들을 위해 맛있게 먹었던 요리를 재현하는 것을 즐기게 되었습니다.

결혼 전까지만 해도 저는 주방 일에 그다지 익숙하지 못했습니다. 그러나 입맛이 전혀 다른 두 아이를 키우면서 다양한 요리를 시도하게 되었고, 요리 실력도 점차 늘게 되었습니다. 사랑하는 가족들을 위한 정성을 다하는 요리와 플레이팅은 이제 제 삶에서 떼려야 뗄 수 없는 일상의 한 부분이 되었습니다.

대중 앞에 서는 것이 어려운 성격이지만, 가족들의 격려 덕분에 소셜네트워크를 통해 제 요리 사진을 공유하기 시작했습니다. 초반에는 익숙한 가정식과 남편 도시락 사진을 올렸지만, 시간이 흐름에 따라 요리를 예술적으로 표현하고 싶은 마음이 크게 자라게 되었습니다.

이 책에서는 어렵지 않고 일상에서 쉽게 접할 수 있는 재료를 사용한 요리를 소개합니다. 요리 초보였던 시절 다양한 재료와 복잡한 계량법이 어렵게만 느껴졌던 기억을 떠올리면서 친근한 재료로 손쉽게 만드는 요리를 알려드리고 싶었습니다. 소스는 최대한 간단하게 만들었고, 계량 방법도 역시 종이컵과 계량스푼 두 가지로 모든 레시피를 정리했습니다.

요리를 아름답게 담아내면 맛 이상으로 만드는 사람의 센스와 정성을 함께 전달할 수 있습니다. 같은 음식이라도 담음새를 조금만 신경 쓰면 음식을 먹는 사람이 받는 느낌은 크게 달라지므로 더욱 고민하게 됩니다.

주변에서는 매번 새로운 레시피를 생각해내는 것이 어렵지 않냐고 물어봅니다. 하지만 저는 이런 일이 힘들기보다 즐겁습니다. 평생 레시피 개발만 할 수 있다면 얼마나 행복할까요? 제 노트에 쌓인 아이디어들을 아름다운 요리로 만들어낸다고 생각하는 것만으로도 설렙니다.

제 SNS의 많은 댓글 중 '요리에 관심이 전혀 없었는데, 요리를 좋아하게 되었다', '요리를 따라 하면서 무료했던 은퇴 후 삶이 즐거워졌다', '플레이팅 그대로 손님에게 대접하고 많은 칭찬을 받았다'는 내용들이 기억에 남습니다. '요리로 예술을 한다' 는 표현도 너무 감사하고, '한식의 아름다움을 외국에 알리는 데 도움을 줬다'는 이야기를 듣게 되면 너무나도 뿌듯합니다. 거창하게 들릴 수 있겠지만 제 요리가 한식의 세계화에 조금이라도 도움이 되길 희망하며, 제 방식대로 지금도 열심히 노력하고 있습니다.

이 책이 특별한 일상을 보내고 싶을 때 꺼내보는 책, 손님이 오셨을 때 참고할 수 있는 책, 아름다운 요리를 보며 힐링하고 싶을 때 펼쳐보는 사진 작품집 같은 책이 될 수 있으면 좋겠습니다.
여러분의 일상에 아름다운 변화를 가져다줄 수 있기를 기대합니다.

2024년 봄, 고네뜨

Contents

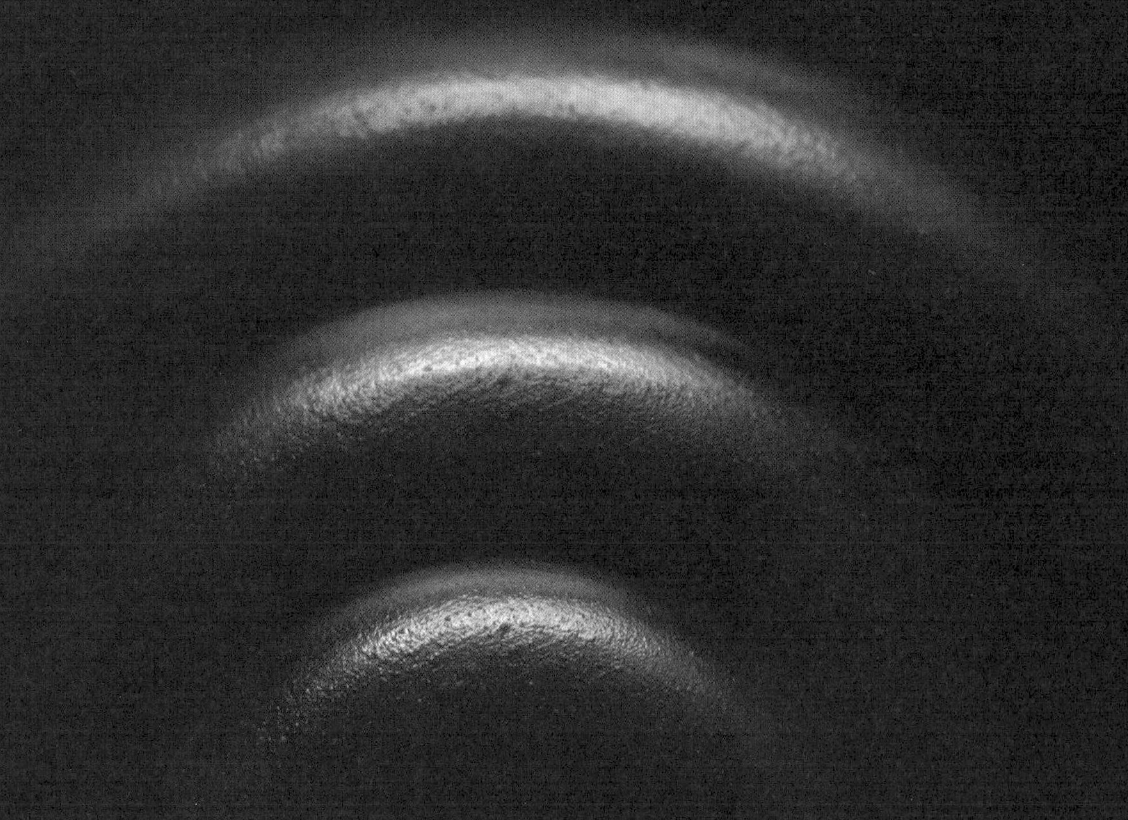

Chapter 2

요리에 감각을 더한 플레이팅 레시피 50가지

I 이 책의 구성 요소

Chapter 1

다양하게 활용하는 플레이팅 팁 20가지

소개할
플레이팅 팁의
개요를 설명하면서
영상으로도
확인할 수 있게
QR 코드를
삽입했습니다.

플레이팅 팁을
실제 요리에 적용한
다양한 사례를
보여드립니다.

PLATING
플레이팅 재료나
도구를
음식 담음새에
활용하는 방법을
사진과 함께
설명했습니다.

TIPS
추가적으로
알아두면 유용한
팁을 담았습니다.

Chapter 2
요리에 감각을 더한 플레이팅 레시피 50가지

완성 요리의 상태,
플레이팅 노하우,
그릇의 담음새까지
모두 사진으로
확인할 수 있도록
했습니다.

요리명에 대한 소개,
저자의 경험담과
노하우 등을
담았습니다.

INGREDIENT
요리와 플레이팅에
필요한 재료를
소개했습니다.
대체재료도
가능한 선에도
다양하게
적었습니다.

요리와 플레이팅의
과정을 사진으로
표현해 따라
만들기에 어려움이
없도록 했습니다.

과정 순서가 혼동될 수
있는 경우에 한해
사진 번호를
넣었습니다.

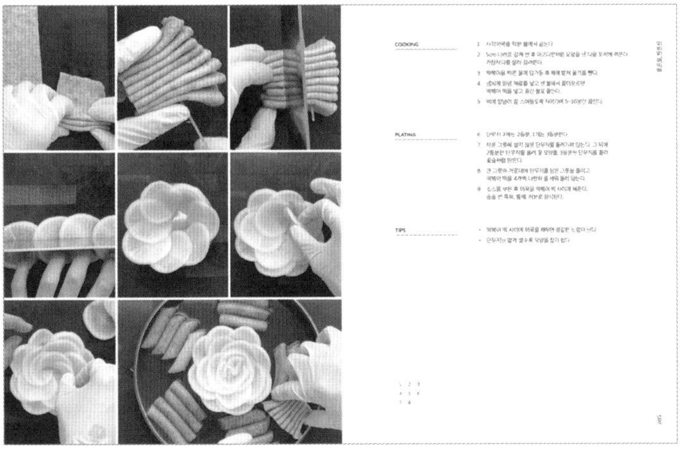

COOKING
구체적인 요리법을
소개합니다.

PLATING
요리의 플레이팅법을
알려드립니다.

TIPS
놓치면 안 되는
요리와 플레이팅
팁을 적었습니다.

계량도구

가루류는 계량 시 윗면을 평평하게 하고, 액체류는 찰랑찰랑할 때까지 담아주세요.

가루부터 액체, 찐득한 순으로 계량을 하면 중간중간 설거지를 해야하는 번거로움을 덜 수 있습니다.

알려드리는 분량을 기준으로 하되, 내 입맛에 맞게 조절하세요.

따라 할 때 주의점

레시피의 분량은 대부분 2~3인분입니다.

레시피의 재료는 개수로 표시했으나, 재료마다 크기가 다르므로 사진을 보고 조정하도록 하세요.

조리 도구와 각 가정의 화력에 따라 조리 시간의 차이가 있을 수 있으므로 상태를 보며 조절하세요.

에어프라이어와 오븐은 서로 대체해서 사용 가능하나, 오븐은 꼭 예열을 한 후에 요리를 합니다.

알려드리는 플레이팅 레시피는 가장 기본적인 방법을 소개해드린 것이니 본인만의 스타일로 자유롭게 활용해보세요.

I 플레이팅 도구

플레이팅 스푼(Plating Spoon)

소스나 크림을 정교하게 뿌리거나 떨어뜨리는 데 사용합니다.
둥근 모양과 납작한 바닥이 특징이며, 정밀한 작업에 적합합니다.

♦ 소스를 접시에 섬세하게 떨어뜨리거나, 음식에 소스를 부드럽게 펼칠 때

트위저(Tweezers)

작은 장식이나 식재료를 정확하고 섬세하게 배치할 때 사용합니다.
길고 가는 형태로, 정밀한 조작이 가능합니다.

♦ 허브, 식용꽃, 작은 장식품을 요리나 그릇에 정확히 올릴 때

오프셋 스패출러(Offset Spatula)

빵이나 케이크에 크림이나 아이싱을 고르게 펴 바르는 데 사용합니다.
손잡이와 날 사이에 약간의 각도가 있어 작업할 때, 음식을 옮길 때
편리합니다.

♦ 케이크의 크림을 바르거나, 데코레이션을 세심하게 조정할 때

PLATING TIPS

다양하게 활용하는
플레이팅 팁 20가지

알아두면 두루두루 활용하기 좋은, 기본적인 플레이팅 팁을 소개합니다. 플레이팅에 직접 사용하는 재료, 구비해두면 좋은 재료와 도구, 직접 만드는 플레이팅 장식, 밥, 면, 파스타, 소스, 그릇 등과 같이 가장 기본적인 것들의 정보까지 담았습니다. 하루에 한 가지씩 따라 하며 기본기를 익혀보세요.

Green onion
파

양식 플레이팅에 허브를 사용하는 것처럼 한식 요리에는 파를 활용해보세요. 플레이팅의 마무리로 올라가는 재료는 모양뿐만 아니라 요리와 맛의 조화도 중요하기 때문에 한식에는 허브보다는 파가 잘 어울립니다. 이때, 파의 초록색 부분을 활용하세요. 특유의 초록빛이 요리를 더 맛있게 보이도록 합니다. 또한 써는 방향, 두께, 각도에 따라 다양한 모양을 만들 수 있으니 자신만의 방법으로 플레이팅에 활용하기 좋습니다. 파는 얇고 길어야 예쁜 모양이 나오므로 대파보다는 쪽파가 적합합니다.

1 사선으로 써는 방법

- 각도를 줘서 사선으로 써는 방법은 음식에 시각적인 다양성과 흥미를 더해준다. 두께와 각도에 따라 길이와 모양을 다르게 표현할 수 있다.
- 허브처럼 장식으로 사용한다.

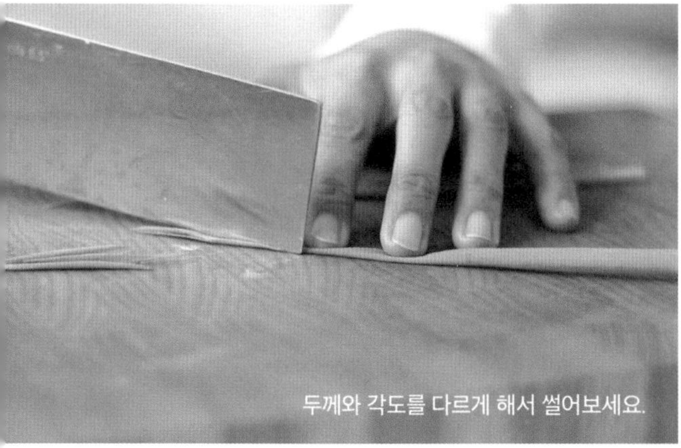

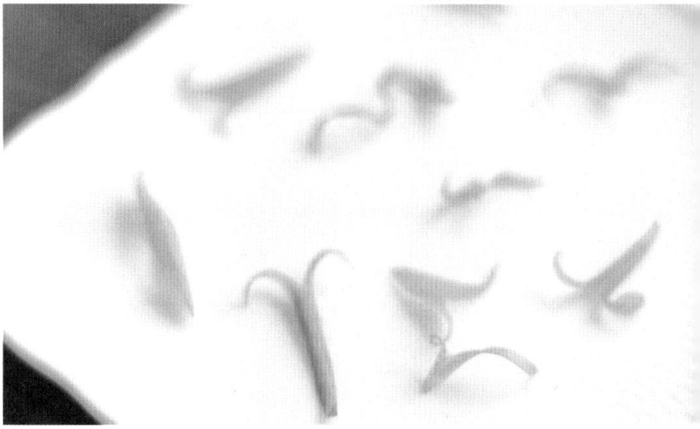

2 송송 자르는 방법

가위로 작은 큐브 형태로 잘라서 된장국,
스튜, 스시, 파스타 등에 사용할 수 있다.
동그랗게 모아서 음식에 올리면 그것만으로도
플레이팅 효과가 생긴다.

TIPS

뿌리가 있는 쪽파를 구입해 키워도 좋다. 뿌리 부분을
물에 담가두면 파 사이에서 얇고 긴 파가 자라는데
그 부분을 잘라서 활용하면 더 멋스러운 연출을 할 수 있다.

플레이팅에 직접 사용하는 재료

2

Sesame seed

깨

깨는 플레이팅의 효과뿐만 아니라 음식에 풍미와 텍스처까지 더해줍니다. 특히 다양한 종류의 깨를 음식의 색, 맛에 맞춰 사용하면 그 효과가 배가됩니다. 밝은색의 요리에는 검은깨를, 어두운색의 요리에는 통깨를 더하는 방식으로 말입니다. 대부분 깨를 음식에 올리는 플레이팅을 하지만, 그릇의 가장자리에 뿌리거나 음식을 둘러싸거나, 선이나 원을 그리는 등 다양하고 정교한 디자인에도 활용할 수 있습니다. 깨를 사용해 플레이팅 효과를 올리면서 동시에 요리의 맛과 시각적 매력도 살려보세요.

PLATING

- 통깨와 검은깨를 각각 일(一) 자로 놓거나 가운데 모으거나, 흩뿌리는 등 다양하게 놓아보면 플레이팅의 변화를 느낄 수 있다.
- 젓가락을 사용하면 좀 더 쉽게 깨를 정리할 수 있다.
- 검은깨를 밝은 색의 음식에 사용하면 아름다운 색상 대비를 만들 수 있다. 밝은색의 통깨는 어두운 요리에 사용하면 더욱 돋보인다.

TIPS

- 젓가락 사이에 깨를 넣은 후 젓가락을 조심스럽게 모으면 깨를 일(一) 자 모양으로 만들기 쉽다.
- 플레이팅 스푼(15쪽)을 사용하면 깨를 연출하기 더 수월하다.

Herb
허브

바질, 딜, 민트, 로즈메리, 타임, 오레가노 등 다양한 허브를 사용하여 음식을 플레이팅할 때는 허브와 요리의 맛을 고려하여 적절하게 활용하는 것이 중요합니다. 허브의 잎을 잘라서 음식에 뿌릴 수 있고, 재료와 함께 갈아서 소스나 드레싱으로 사용할 수도 있습니다. 허브오일, 허브버터, 허브소금 등을 만들어 음식에 더할 수도 있답니다. 많이 활용하는 방법은 잎을 음식의 가장자리에 툭 놓거나 가운데 올리는 것입니다. 허브가 마무리를 해주는 느낌으로요. 이때, 식용꽃(36쪽)과 함께 장식하면 요리를 더욱 특별하고 인상 깊게 만들 수 있답니다.

바질(Basil)

토마토 소스, 파스타, 피자, 샐러드 등의
이탈리아 요리에 주로 사용된다.

딜(Dill)

생선 요리에 특히 잘 어울린다.

민트(Mint)

음료, 샐러드, 디저트에 주로
사용된다.

로즈메리(Rosemary)

고기 요리나 구이 요리에
주로 사용된다.

타임(Thyme)

고기 요리나 스튜, 구운 채소에
더하면 깊은 향을 낼 수 있다.

오레가노(Oregano)

피자, 파스타, 그릴 요리에
주로 사용된다.

PLATING

요리에 맞는 허브를 선택하되, 다양한 허브를 섞어서 사용하면 색다른 맛과 풍미를 낼 수 있다.

TIPS

- 당근 잎을 허브처럼 사용해도 좋다. 잎이 달린 당근을 구입한 후 잎 부분을 썰어 물이 담긴 용기에 넣어서 보관한다. 자라는 잎 중에서 작고 연한 잎을 사용한다.
- 직접 허브를 키워도 좋다. 갓 딴 허브는 신선할 뿐만 아니라 향이나 맛도 훨씬 진하다.
- 마트나 백화점에서 구입한 허브는 보관만 잘해도 오래 두고 사용할 수 있다. 밀폐용기에 물에 적신 키친타월을 깔고 그 위에 허브 → 마른 키친타월을 올린 후 냉장 보관한다.

플레이팅에 직접 사용하는 재료

4

Edible flower

식용꽃

플레이팅에 식용꽃을 사용하면 음식을 더욱 아름답고 매력적으로 보이게 할 수 있습니다. 특히 식용꽃은 다른 어떤 재료보다 다양한 색깔과 모양을 가졌기 때문에 요리에 사용할 때 선택의 폭이 넓고, 말 그대로 '꽃'이라서 그 모양도 아름답습니다. 사용할 때는 꼭 식용이 가능한지 확인하세요. 식용꽃이 아닐 경우 독성이 있을 수도 있습니다. 또한 깨끗한 물로 씻어 물기를 없애고, 신선한 식용꽃을 사용하는 것이 중요합니다. 많이 사용하는 식용꽃으로는 팬지, 바이올렛, 비올라, 삼색제비, 한련화, 데이지, 라벤더, 장미 등이 있습니다.

비올라(Viola)
팬지(Pansy)
팬지(Pansy)

PLATING

- 식용꽃은 저마다 고유의 향과 맛을 가졌기 때문에 음식과 어울리는 꽃을 사용하는 것이 좋다. 예를 들어 한련화는 샐러드에 어울리며, 라벤더는 디저트에 사용하기 적합하다.
- 음식에 올리거나 뿌릴 때는 음식과 식용꽃이 가진 각각의 색의 조화를 잘 고려해야 한다.
- 식용꽃과 허브(30쪽)를 적절하게 섞어서 사용하면 플레이팅 효과를 극대화할 수 있다.

TIPS

- 식용꽃을 직접 키우면 훨씬 더 신선하고 안전한 식용꽃을 플레이팅에 사용할 수 있다. 식용꽃이 활짝 폈을 때 꺾어서 용기에 보관하면 오래 사용할 수 있다.
- 백화점 채소 코너나 온라인에서도 구입 가능하다.
- 구입한 식용꽃은 밀폐용기에 약간의 물을 적신 키친타월을 깔고 그 위에 식용꽃의 줄기가 아래로 향하도록 담은 후 마른 키친타월을 덮어 냉장실에 넣어 두면 일주일 이상 보관할 수 있다. 이때, 스프레이로 중간중간 물을 뿌려주면 보관 기간이 더 길어진다.

강한 색의 식용꽃은 은은한 색감의 요리에 올리면 더 돋보인다. 어두운색의 요리에는 밝은색의 꽃을 사용해도 좋고, 색감이 강한 식용꽃을 사용하면 더 강렬하게 보이기도 한다.
식용꽃의 크기는 요리에 맞게 선택하되, 꽃이 너무 큰 경우에는 꽃잎만 사용해도 좋다.

Edible Gold Leaf

식용 금

식용 금은 요리나 디저트를 특별하게 만들어주는 아름다운 재료입니다. 이를 사용해 플레이팅하면 더욱 화려하고 고급스러운 느낌을 낼 수 있습니다. 특히 한식에 올렸을 때 그 고급스러움이 배가 되는데, 덕분에 한식 파인다이닝 요리에서 자주 볼 수 있답니다. 플레이팅에 많이 사용하는 식용 금의 종류로는 금박시트, 금꽃, 금가루 등 다양한데요, 식용이 가능한 순도 95% 이상의 제품을 소량 사용할 것을 추천합니다.

PLATING

1 금박시트를 원하는 모양과 크기로 자른다.

2 찢어지지 않도록 트위저(15쪽)로 잡은 후 장식하려는 위치에 놓고 가볍게 눌러 밀착시킨다. 식용꽃(36쪽)이나 허브(30쪽)와 함께 플레이팅해도 좋다.

TIPS

- 금박시트는 얇아서 손가락으로 만지면 쉽게 찢어지므로 트위저(15쪽)를 사용하고, 금가루는 숟가락을 사용한다.
- 식용 금은 온라인에서 구입 가능하다.

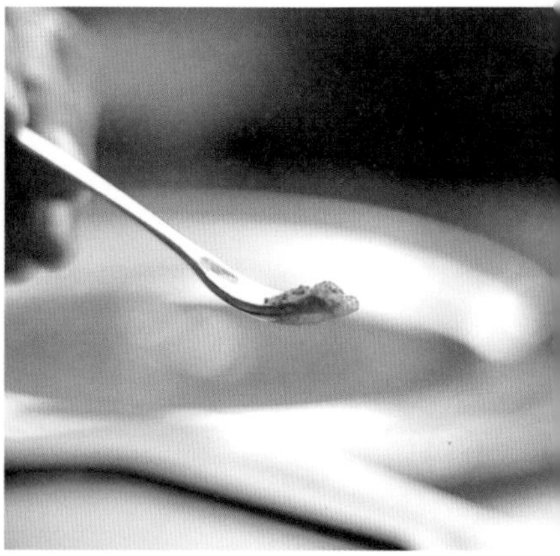

한식에 사용하면 고급스러움이 더해진다.

Food coloring
식용색소

식용색소는 음식에 색을 더해 색감적인 부분을 강조하고 요리를 좀 더 아름답게 꾸미는 데 사용됩니다. 식용색소의 종류로는 화학적인 원료의 합성 식용색소와 자연에서 추출한 천연 식용색소가 있습니다. 합성 식용색소는 저렴한 가격에 특정한 색상을 정확하게 만들 수 있고 오래 저장할 수 있습니다. 천연 식용색소는 가격은 조금 비싸지만 화학적 부작용 걱정이 적다고 알려져 있습니다. 하지만 천연 식용색소 중에서도 일부는 알레르기 반응을 유발할 수 있다고 합니다. 또한 빛, 온도 변화에 민감해 색상의 변화가 쉽게 일어나 색상 유지가 어려운 경우도 있습니다.

PLATING

1 천연 식용색소

- 천연 식용색소는 식물, 과일, 나무 등에서 추출한 자연의 원료로 만들어진 것으로 녹차나 쑥가루(녹색), 라즈베리나 딸기가루(분홍), 비트가루(빨강), 코코아가루(갈색), 단호박가루(노란색) 등이 대표적이다.
- 합성 식용색소보다 부드럽고 연한 색을 내기에 좋고, 자연에서 얻은 원료로 만들었기에 화학적인 부작용 걱정이 적은 편이다.
- 샐러드의 드레싱, 소스, 수프, 케이크 크림, 각종 디저트 등에 사용된다.

밥에 천연 식용색소를 더하면 훨씬 더 화려하고 다채로워보인다.

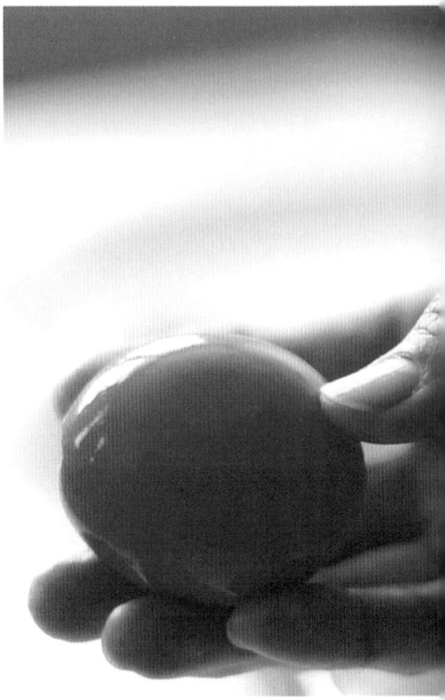

2 합성 식용색소

- 천연 식용색소에 비해 색소의 양을 조절하기 쉬워 원하는 색의 농도를 맞추기에 더 수월하다.
- 과하게 사용하면 요리의 맛과 품질을 해치거나 안전상의 이슈가 있을 수 있으므로 지침에 따라 적절한 양을 더하도록 유의하자.
- 케이크 크림, 쿠키, 파스타, 음료 등 다양한 음식에 사용된다.

TIPS

하나의 요리에 몇 가지 색상을 조합하면 훨씬 더 고급스러운 느낌을 낼 수 있다.

삶은 달걀을 적채로 만든 피클물에 담가두면 색이 스며들어 더 신비로운 느낌을 낼 수 있다.

플레이팅에 활용하기 좋은 재료와 도구

2

Silicon mold
실리콘 몰드

재료를 넣어 굳힐 때 꼭 필요한 몰드. 주로 베이킹이나 비누, 초를 만들 때 사용하는 도구입니다. 몰드 중에서도 말랑말랑한 소재인 실리콘 몰드는 굳힌 재료를 쉽게 빼낼 수 있으며 보관도 간편한 장점을 지녔답니다. 실리콘 몰드는 플레이팅에도 활용할 수 있습니다. 먼저 다양한 모양의 실리콘 몰드를 이용, 재료를 굳히기만 해도 손쉽게 멋을 낼 수 있습니다. 예를 들어 삼각형 실리콘 몰드에 색을 낸 밥을 넣어서 모양을 만들거나, 크림치즈를 넣어 굳히는 방법이 그러합니다. 또한 발상의 전환을 해보는 것도 좋습니다. 파운드케이크 몰드를 도토리묵 굳히기용으로도 사용하고, 달걀찜도 만들 수 있답니다. 또한 얼음을 실리콘 몰드에 굳히면 일반적인 동그랗거나 네모난 얼음이 아닌 다양한 모양으로 만들 수 있습니다. 이때 레몬, 라임, 허브 등을 더해 얼리면 더욱 멋스럽답니다.

PLATING

1 실리콘 몰드를 준비한다.

2 모양이 제대로 나올 수 있게 밥을 담고 꾹 눌러준다.

3 모양이 흐트러지지 않게 조심하면서
실리콘 몰드에서 밥을 분리한다.

4 원하는 재료로 장식한다.

TIPS

- 실리콘 몰드를 사용할 때는 미리 몰드에 오일을 약간 발라두면 굳힌 후 쉽게 분리할 수 있다.
- 액체나 반죽을 실리콘 몰드에 붓고 굳힐 때는 몰드를 평평한 곳에 둬야 내용물이 고르게 굳어서 완성 요리의 모양이 균일하게 된다.

초콜릿을 다양한 모양의 몰드에 굳혀도 좋다.

아이스크림바 실리콘 몰드에 도토리묵을 넣으면 바처럼 즐길 수 있다.

플레이팅에 활용하기 좋은 재료와 도구

3

Cookie cutter

쿠키 커터

쿠키를 만들 때 쓰는 쿠키 커터는 평범한 재료를 특별한 모양으로 변신시켜 음식을 더욱 화려하고, 매력 있고, 개성 넘치게 해줍니다. 특별한 날이면 하트 모양의 쿠키 커터로 가니시를 만들어 로맨틱한 식사를 완성해보고, 아이들 생일상에는 별 모양 쿠키 커터로 재료를 모양내 귀엽게 꾸미면 좋습니다. 평범한 볶음밥에 모양낸 달걀프라이만 올려도 특별해질 수 있습니다. 또한 한식에도 얼마든지 활용이 가능합니다. 채소나 달걀지단 등을 쿠키 커터로 모양내거나, 요리의 장식으로 깨를 뿌릴 때나 다진 견과류를 더할 때 쿠키 커터로 고정해서 뿌리면 깔끔하게 만들 수 있습니다.

1 달걀지단을 쿠키 커터로 모양내기

- 달걀흰자에 붉은색 식용색소, 달걀노른자에 초록색 식용색소를 넣어 지단을 만든다. 이때, 달걀흰자에 전분을 조금 섞어 구우면 더 단단한 지단이 된다.
- 데이지 쿠키 커터와 잎사귀 쿠키 커터를 사용하여 모양을 낸다.

2 달걀프라이를 쿠키 커터로 모양내기

- 달걀프라이를 만든 후 원형 쿠키 커터로 모양내면 정갈하고 입체적인 스타일로 만들 수 있다.
- 사용하는 쿠키 커터의 크기에 따라 다양한 스타일로 표현이 가능하다.
- 달걀프라이는 약한 불에서 익혀야 예쁜 모양으로 만들 수 있다.

TIPS

- 쿠키 커터를 선택할 때는 재료와 어울리는 모양, 크기를 고려해야 한다.
- 원형 쿠키 커터가 없다면 작은 종지를 활용해도 좋다.

플레이팅에 활용하기 좋은 재료와 도구

4

Cookie stencil

쿠키 스텐실

쿠키에 다양한 모양이나 그림을 쉽게 만들 수 있도록 도와주는 도구, 쿠키 스텐실입니다. 나비, 레이스, 기하학적 모양 등 다양한 디자인과 패턴을 만날 수 있답니다. 활용방법도 무궁무진합니다. 쿠키, 케이크 등 디저트에 쿠키 스텐실을 올린 후 가루를 뿌려 모양을 낼 수 있고요, 커피나 음료 등에 올린 후 코코아가루, 시나몬가루 등을 뿌려 장식할 수도 있습니다. 또 다른 방법으로는 그릇에 직접 스텐실을 올린 후 가루를 뿌려 그릇 자체에 모양을 내는 것이랍니다.

PLATING

1 요리 위에 쿠키 스텐실을 조심스럽게 올린다.

2 원하는 가루를 골고루, 넉넉하게 뿌린다.
이때, 전체적으로 고르게 뿌리는 것이 중요하다.

3 쿠키 스텐실이 흔들리지 않도록 조심스럽게 제거한다.

조심스럽게 제거하지 않으면 쿠키 스텐실 위에 묻은 가루가 떨어져 모양이 선명하지 않게 된다.

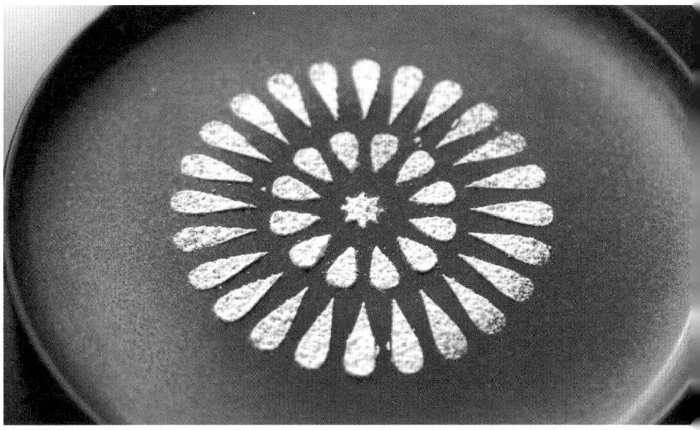

TIPS

- 쿠키 스텐실을 그릇에 올린 후 가루를 뿌려 그릇에 모양을 내도 좋다.
- 슈거파우더, 코코아가루, 시나몬가루, 와사비가루와 같은 가루류 외에도 다진 견과류, 깨 등을 뿌려도 예쁜 모양을 연출할 수 있다.

Papaya salad peeler
쏨땀 채칼

재료의 겉면을 쏨땀 채칼로 도려낸 후 원하는 두께로 썰면 마치 그 모양이 꽃처럼 보입니다. 연근이나 무와 같이 단단한 재료에 사용하기 특히 좋고, 껍질이 있는 사과는 껍질과 과육의 색이 번갈아 보이도록 모양내면 더욱 멋스럽답니다. 모양낸 재료는 샐러드, 오픈샌드위치, 찜 등에 다양하게 활용해보세요. 참, 채칼을 사용할 때는 손에 힘을 빼고 당겨주세요. 힘을 강하게 주면 손을 다칠 수도 있답니다.

PLATING

1 연근은 껍질을 벗긴다.

2 겉면을 쏨땀 채칼로 모양낸다.

3 원하는 두께로 썬다.

TIPS

일반 채칼이 아닌 쏨땀 채칼을 사용하면 훨씬 가늘고 부드러운 모양으로 만들 수 있다. KIWI의 쏨땀용 채칼을 추천하며, 온라인에서 구입 가능하다.

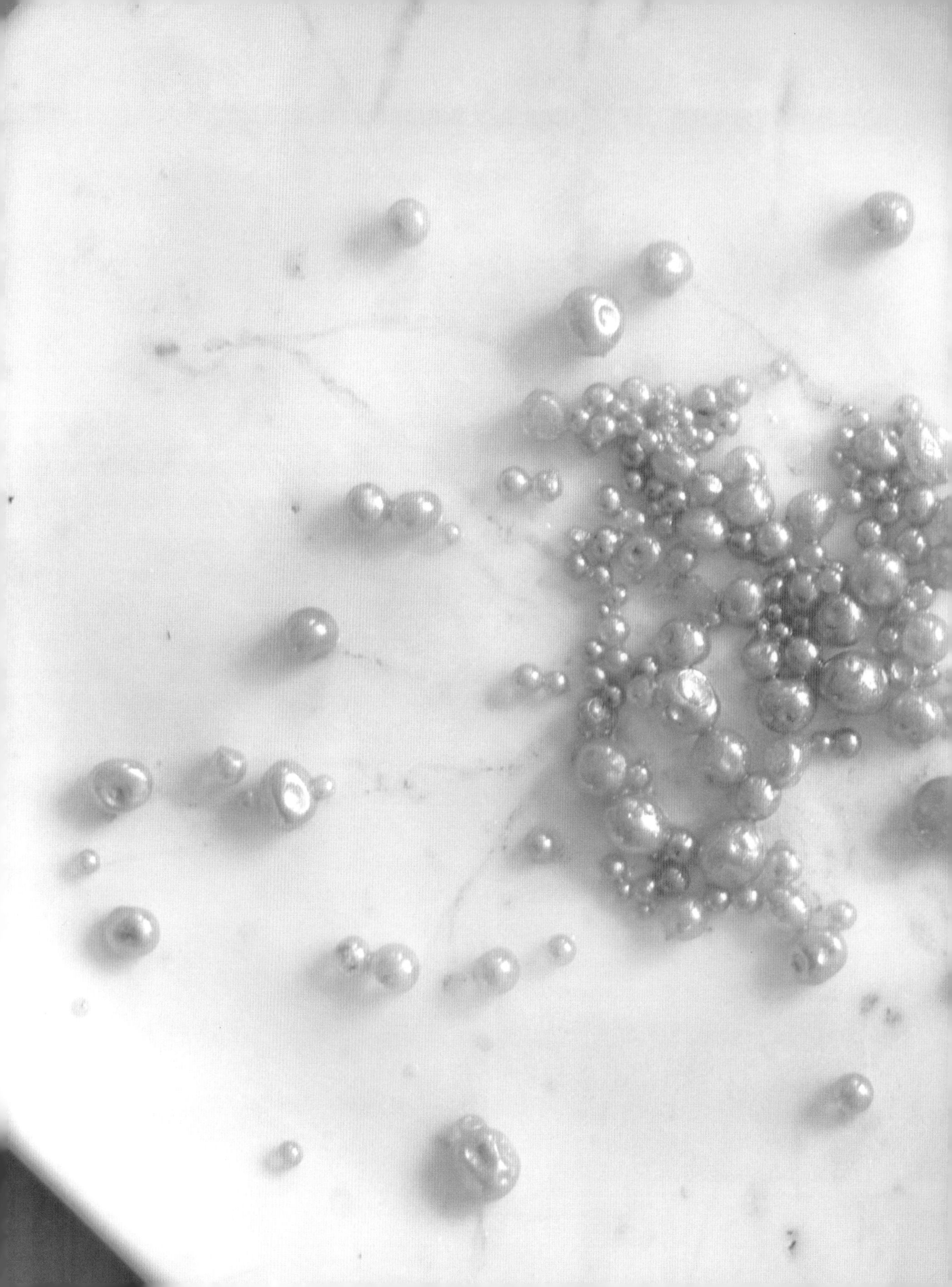

직접 만드는 플레이팅 장식

1

Edible Pearl

식용 진주알

세계 3대 진미 중 하나인 캐비아. 요리에 더하면 고급스러움과 우아한 느낌을 전달해주는 식재료이지만 고가인 만큼 쉽게 사용할 수는 없는 단점이 있는데요, 지금 소개해 드리는 직접 만드는 식용 진주알로 대체해보세요. 양갱의 주재료인 한천가루를 물과 함께 끓인 후 차가운 오일에 넣어 천천히 굳히기만 하면 완성됩니다. 여기에 식용 금가루를 입히면 고급스러운 진주알처럼 보일 정도입니다. 식용 금가루 대신 간장, 발사믹식초 등 여러 재료를 섞으면 다양한 맛과 색깔의 식용 진주알로 만들 수도 있답니다.

PLATING

□ 한천가루 1작은술
□ 물 1컵(200㎖)
□ 오일 2컵

1 긴 컵(또는 용기)에 오일을 담고 냉동실에서 30분 정도 보관해 차갑게 만든다.

2 냄비에 한천가루, 물을 넣고 중간 불에서 걸쭉한 농도가 될 때까지 5분간 저어가며 끓인다.

3 한김 식힌 후 주사기(또는 요리용 스포이드)에 넣는다.

완전히 식어서 굳기 전에 주사기에 담는 것이 중요하다.

4 오일이 담긴 긴 컵(또는 용기)에 한 방울씩 떨어뜨리면 진주알 형태로 만들어지면서 컵 아래에 쌓이게 된다.

오일에 접촉하는 시간 동안 서서히 굳는데,
이 시간이 길수록 더 단단하고 예쁜 모양으로 만들어진다.
따라서 긴 컵을 사용하여 바닥에 닿는 시간이 오래 걸리도록 하는 것이 중요하다.

5 흐르는 물에 씻은 후 사용한다.

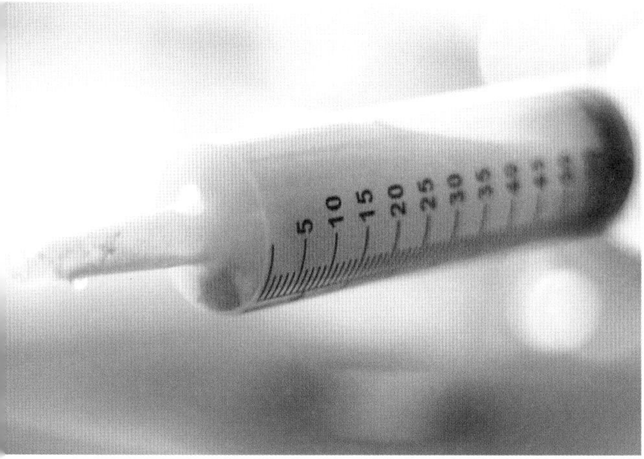

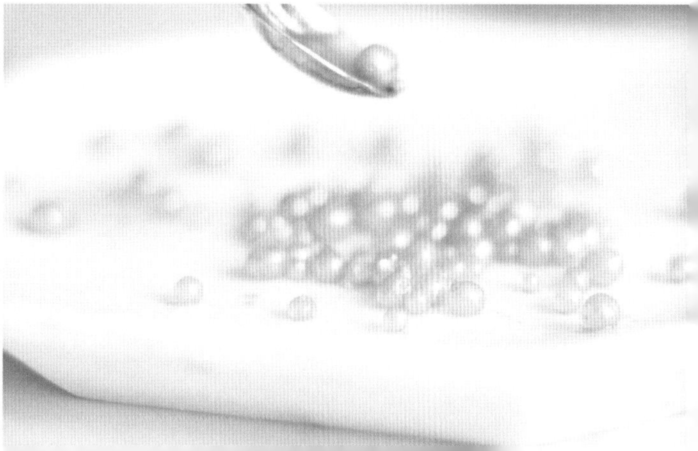

간장을 더한 식용 진주알

TIPS

- 발사믹식초, 과일농축액, 간장, 꿀 등을 사용해서 만들어도 좋다.
- 한천가루 + 물 대신 타피오카 펄을 삶아서 원하는 색을 더해도 좋다.
- 식용 진주알은 깨끗한 밀폐용기에 담아두면 냉장실에서 일주일간 보관 가능하다.
- 사용한 오일은 요리에 재사용할 수 있다.

직접 만드는 플레이팅 장식

2

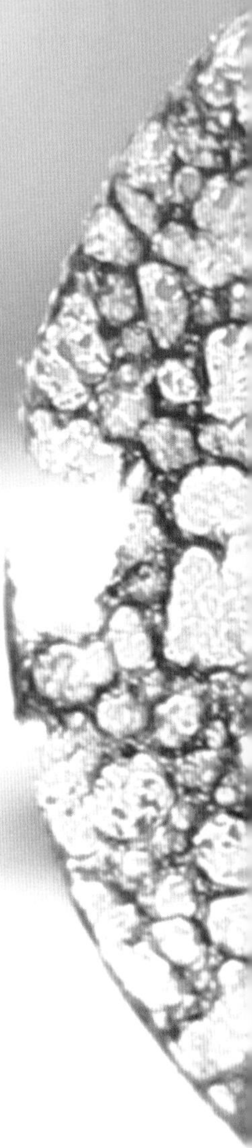

Coral tuile

크리스피 컬러 튀일

크리스피 컬러 튀일은 복잡하고 정교한 무늬가 있는 것이 특징입니다. 반죽이 얇게 퍼지면서 생긴 구멍을 통해서 다양한 패턴이 만들어지게 되는데요, 완성된 튀일은 모던한 요리에 감각적인 느낌을 줄 뿐만 아니라 바삭한 식감을 더해줍니다. 덕분에 요리에 독특한 디자인과 맛을 더해주는, 섬세함이 요구되는 플레이팅의 재료로 알려져 있습니다. 간편한 재료로 만드는 크리스피 컬러 튀일 레시피를 알려드릴게요.

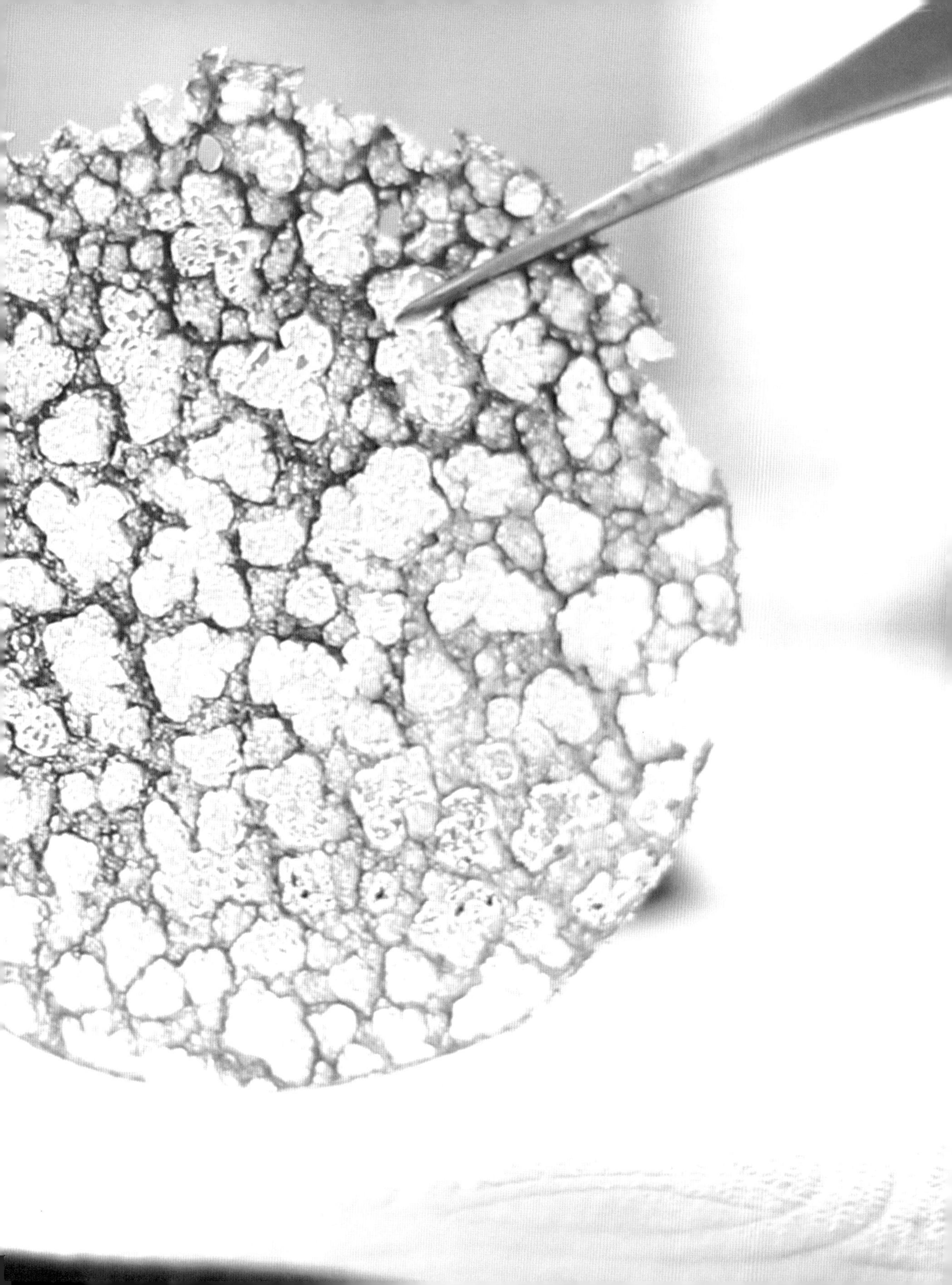

PLATING

- □ 올리브유 6큰술
- □ 물 6큰술
- □ 밀가루 1큰술
- □ 식용색소 적당량(48쪽, 생략 가능)

1 식용색소를 제외한 재료를 믹서에 넣고 반죽을 섞는다.

2 작은 그릇에 반죽을 나눠 담는다.

3 식용색소를 한 방울씩 넣어가며 원하는 색이 되도록 섞는다.

4 에그팬에 다양한 색의 반죽을 부어준다.

조리시 기름이 많이 튈 수 있으므로 조심하자.
에그팬이 없다면 일반 팬에 숟가락을 사용해 만들거나, 원형 쿠키 커터(60쪽)로 모양내도 좋다.

5 중간 불에서 물기가 절반 정도 없어질 때까지 익힌다.

6 불을 끈 후 그대로 둬 남은 열로 물기를 완전히 없앤다.

7 팬에서 꺼내 키친타월에 올려 그대로 식힌다.
모양을 내고 싶다면 팬에서 꺼낸 후 식기 전에 바로 컵이나 밀대에 올려둔다.

TIPS

- 반죽은 올리브유 : 물 : 밀가루 = 6:6:1 의 비율이다.
- 반죽을 믹서에 넣고 잘 섞이게 하는 것이 중요하다.
- 하나의 튀일에 다양한 컬러를 더해도 좋다.
- 동그란 모양이 아닌 자연스러운 모양으로 만들어도 좋다.
- 구운 튀일은 키친타월에 올려 기름기를 없앤 후 사용한다.

직접 만드는 플레이팅 장식

3

Leaf tuile

잎사귀 튀일

밀가루, 버터, 달걀흰자 등을 섞어 만든 반죽을 오븐에 구워 모양을 낸 튀일을 디저트나 요리에 장식으로 활용하면 멋진 플레이팅이 완성됩니다. 튀일은 모양뿐만 아니라 요리에 바삭한 식감까지 더해주는 훌륭한 아이템입니다. 실리콘 몰드를 사용하면 다양하고 정교한 모양의 튀일을 쉽게 제작할 수 있는데요, 잎사귀 모양뿐만 아니라 꽃, 문자, 또는 다른 기하학적인 디자인이 있어 다양한 튀일을 만들 수 있답니다. 아이스크림, 타르트, 케이크 등의 디저트 장식으로, 파스타나 스테이크 등 양식에, 매일 접하는 한식에도 올려보세요.

PLATING

- ☐ 밀가루 1큰술
- ☐ 슈거파우더 1큰술
- ☐ 녹인 버터 1큰술
- ☐ 달걀흰자 1큰술
- ☐ 오일 스프레이 약간
- ☐ 실리콘 몰드(54쪽)

1 동량의 밀가루, 슈거파우더, 녹인 버터, 달걀흰자를 준비한다.

2 볼에 밀가루, 슈거파우더를 먼저 섞은 후 녹인 버터를 섞는다.

3 달걀흰자를 더해 부드러운 반죽을 만든다.

반죽을 냉장실에서 30분간 두면 더 단단한 튀일을 만들 수 있다.

4 오븐 팬에 잎사귀 모양 실리콘 몰드를 올린 후 오일 스프레이를 뿌린다.

5 틀에 반죽이 일정한 두께로 고르게 들어가도록 펴 바른다.

6 스패출러(15쪽)로 윗면을 정리한다.

7 180℃로 예열한 오븐(또는 에어프라이어)에 실리콘 몰드 그대로 반죽을 넣고 갈색이 될 때까지 5~10분간 굽는다.

8 실리콘 몰드에서 튀일을 조심스럽게 분리한다.

TIPS

- 반죽은 밀가루 : 슈거파우더 : 녹인 버터 : 달걀흰자 = 1:1:1:1 의 비율이다.
- 오븐에 굽는 시간을 늘릴수록 진하고 단단한 튀일을 만들 수 있다.
- 한식 플레이팅에 활용하면 고급스러운 플레이팅을 완성할 수 있다.
- 식용색소(48쪽)를 더해 원하는 색의 튀일로 만들어도 좋다.

Parmesan crisps
치즈칩

치즈를 활용해 만들 수 있는 간단한 치즈칩입니다. 치즈칩은 치즈 고유의 색으로도 만들 수 있지만 식용색소를 더해 원하는 색으로도 바꿀 수 있습니다. 플레이팅의 효과도 있지만 고소하고 짭조름한 치즈의 맛과 바삭한 식감 덕분에 요리에 즐거움을 더해줍니다. 납작한 치즈칩부터 컵 모양, 롤 모양 등 다양한 형태의 치즈칩을 만들어보세요. 모양에 따라 디저트, 샐러드, 수프, 스테이크 등 각종 요리의 플레이팅 재료로 아주 훌륭하답니다.

PLATING

□ 멕시칸치즈 적당량
(또는 파마산치즈가루)

1 컵 모양 치즈칩 만들기

1 유산지에 멕시칸치즈를 손바닥 크기 정도로 얇게 펼친다.

멕시칸치즈에 식용색소(48쪽)을 섞어도 좋다.

2 전자레인지에 넣고 20초 정도 익힌 후 치즈가 황금색이 되고 물기가 없어질 때까지 조금씩 시간을 추가하며 익힌다.

3 유산지에 붙은 그대로 밥그릇에 담아 모양을 만들어 굳힌다.

□ 파마산치즈가루 적당량
□ 식용색소 약간(48쪽)

2 납작한 치즈칩 만들기

1 볼에 파마산치즈가루, 식용색소를 넣고 섞는다.
  식용색소는 생략해도 좋다.
2 유산지에 붓고 젓가락으로 넓고 얇게 펼친다.
3 전자레인지에 넣고 20초 정도 돌린다.
4 유산지에서 떼어낸 후
  원하는 크기와 모양으로 잘라서 사용한다.

TIPS

- 전자레인지의 출력값, 치즈의 양에 따라 조리 시간에 차이가 있을 수 있다.
- 전자레인지에서 익힐 때는 한 번에 길게 익히지 말고,
  중간중간 확인하며 익히는 시간을 조절한다.
- 치즈를 너무 오래 익히면 딱딱해지므로 주의한다.
- 치즈칩이 따뜻할 때 원하는 모양을 만들기 좋다.
- 전자레인지에서 꺼낸 치즈칩은 매우 뜨거우므로 주의한다.
- 멕시칸치즈는 멕시칸 요리에 많이 쓰이는 잘게 썬(슈레드한) 치즈이다.
  코스트코나 온라인에서 '멕시칸 스타일 치즈'라는 제품으로 구입 가능하다.

Colored sea salt

컬러 소금(와인, 시소)

모든 요리에는 짠맛이 있어야 하는 만큼, 소금은 웬만한 요리에 모두 사용되는 식재료입니다. 소금에 색을 입혀 컬러 소금으로 만들어 플레이팅에 활용해보세요. 이때, 메인 요리와 맛의 조화를 고려한 후 소금에 색을 내는 것이 중요합니다. 예를 들어 고기 요리에는 풍미를 더해주는 와인을 넣은 보라색 컬러 소금을, 생선 요리에는 비린내를 잡아주는 카레를 넣은 노란 컬러 소금을, 국수나 회에는 알싸한 맛을 내는 와사비를 넣은 초록색 컬러 소금을 사용하는 방법입니다.

PLATING

☐ 굵은소금 1컵
☐ 레드와인 1/2컵(100㎖)

1 보라색 컬러 소금(와인) 만들기

1 팬에 레드와인을 넣고 센 불에서 끓여 절반 정도 남으면 불을 끈다.
2 굵은소금을 넣고 잘 섞어 색을 입힌다.

☐ 굵은소금 1컵
☐ 시소즙 1/2컵

2 초록색 컬러 소금(시소) 만들기

1 시소를 끓는 물에 데친 후 곱게 갈아 체에 밭쳐 즙만 분리한다.
2 팬에 시소즙을 넣고 센 불에서 끓여 절반 정도 남으면 불을 끈다.
3 굵은소금을 넣고 잘 섞어 색을 입힌다.

TIPS

- 소금의 색을 진하게 내고 싶다면 색을 내는 재료를 많이 넣고, 색을 연하게 내고 싶다면 소금의 양을 늘린다.
- 레드와인과 시소는 원하는 색을 내는 다른 재료로 대체 가능하다. (카레가루, 와사비, 식용색소 등)
- 열기가 있을 때 굵은소금과 섞어야 색이 잘 입혀진다.

1

Rice

밥

밥 요리(볶음밥, 덮밥 등)를 플레이팅할 때는 함께 그릇에 올라갈 다른 재료와 밥의 색상 대비를 고려하도록 하세요. 예를 들어, 비빔밥의 경우 흰밥에 다양한 색상의 재료를 골고루 배치하면 화려하고 풍성한 플레이팅이 완성되고, 김치볶음밥이라면 흰색과 노란색의 달걀프라이를 올리는 게 멋스럽답니다. 또 밥을 그릇에 담을 때는 깊이 있는 볼이나 틀에 꾹꾹 눌러 담은 후 뒤집어서 그릇에 올립니다. 이때, 볼의 크기, 모양에 따라 다양한 형태의 밥으로 담을 수 있답니다.

PLATING

1 밥을 담을 볼을 선택한다. 밥그릇부터 국그릇, 작은 반찬그릇 등 사용하는 그릇에 따라 밥의 모양이 다양해진다.

2 선택한 볼에 밥을 꾹꾹 눌러 담는다.

3 그릇에 뒤집어 올린 후 볼에서 밥을 분리한다.

TIPS

- 밥에 색을 더해도 좋다. 토마토케첩이나 달걀노른자(으깬 것), 오징어먹물, 김가루, 감태가루 등 천연재료를 사용하면 된다.
- 볶음밥과 같이 기름기가 있는 밥은 볼에서 쉽게 분리가 되지만, 흰쌀밥은 볼에 물을 묻히고 밥을 담아야 쉽게 분리할 수 있다.

Noodle

면

국수를 그릇에 예쁘고 가지런하게 담으면 마치 한 폭의 동양화처럼 정갈하고 아름다운 느낌이 들곤 합니다. 이때, 어떤 면을 선택하느냐, 어떤 재료와 고명, 소스를 더하냐에 따라 수천 가지의 분위기를 전달할 수 있답니다. 재료를 혼합하여 만든 색이 있는 국수(단호박, 연잎, 쑥, 자색고구마, 새싹 등)를 사용하면 훨씬 다채로운 느낌을 낼 수도 있습니다. 소면, 메밀국수, 도토리면과 같이 가느다란 면이 그릇에 담기 수월하므로 처음에는 가느다란 면으로 충분히 연습한 후 점차 다양한 두께의 면으로 도전해보세요.

PLATING

1 삶은 국수의 가운데 부분을 손바닥에 올리고 흐르는 찬물에서 풀어가며 정리한다.

2 국수를 그대로 살포시 감싼다.

3 국수의 아랫부분을 그릇에 올린 후 꽈리를 틀 듯 비틀어 꼬면서 동그랗게 모양을 만든다.

4 담은 국수가 그릇의 가운데에 오도록 옮긴다.

5 젓가락에 물을 묻혀가며 바깥 부분의 국수를 정리한다.

6 국수의 가운데에 손가락을 넣고 안쪽에서 바깥쪽으로 밀면서 한번 더 정리한다.

TIPS

- 삶은 국수는 흐르는 물에서 최대한 많이 정리해둬야 담기에 수월하다.
- 삶은 국수는 쉽게 불기 때문에 빠른 시간 내에 담는 것이 중요하다.
- 국수를 담은 후 정리가 되지 않은 부분이 있다면 고명이나 소스, 깨, 파로 가려도 좋다.

Pasta
파스타

식당에서 정갈하게 담긴 파스타를 보면 따라 담아보고 싶지 않으세요? 파스타를 담을 때는 가장 먼저 그릇을 잘 고르는 것이 중요한데요, 밝은 색상의 그릇은 파스타를 더 돋보이게 해주지만, 소스에 따라 어두운 그릇을 사용해도 잘 어울립니다. 소스 역시 고루 부어도 좋지만, 한쪽으로 담아도 멋스러워요. 연습을 많이 할수록 요령이 생기고, 나만의 방법을 터득할 수 있으니 참고하세요. 마지막으로 파스타를 담은 후에는 허브, 파마산치즈가루, 견과류 등으로 장식하면 더욱 아름답게 꾸밀 수 있습니다.

PLATING

1 집게나 젓가락, 카빙포크 활용해서 담기 (차가운 파스타에 추천)

1 집게나 젓가락, 카빙포크로 파스타를 집는다.
이때, 집게는 뾰족한 날이 없고 매끈하고 얇은 것이 좋다.

2 파스타를 돌돌 만다.

차가운 파스타의 경우 손으로 감싸도 좋다.

3 파스타를 담을 그릇에 그대로 눕혀 올린 후
집게나 젓가락, 카빙포크를 당겨 뺀다.

2 컵 활용해서 담기 (따뜻한 파스타에 추천)

1 파스타를 집게나 젓가락으로 집는다.

2 컵에 그대로 넣고 컵을 지지대 삼아 돌돌 만다.

3 파스타를 담을 그릇에 컵을 엎은 후 조심스럽게 들어올린다.

TIPS

- 파스타 면의 끝부분을 실로 묶은 후 삶으면 훨씬 다양한 형태(하트 모양 등)로 담을 수 있다. 먹기 전에 묶은 부분은 잘라낸다.
- 파스타 면은 쉽게 불기 때문에 빠른 시간 내에 담는 것이 중요하다.
- 그릇에 담았을 때 지저분한 부분이 있다면 소스나 재료로 가린다.
- 콜드파스타에 잘 어울리는 카펠리니면은 얇아 정갈하게 담기 쉬운 편이다.

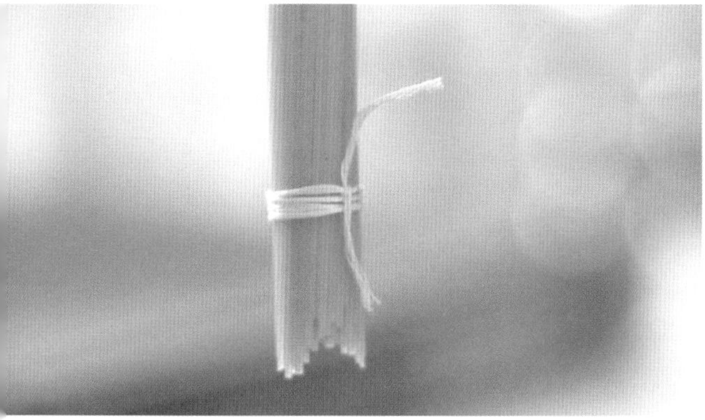

Sauce
소스

요리의 맛을 좌우하는 소스는 조금만 다른 방식으로 플레이팅해도 특별한 연출을 할 수 있습니다. 먼저 하나의 요리에 여러 색의 소스를 사용해보세요. 화려하면서도 맛있어 보이는 플레이팅이 연출됩니다. 또한 소스 농도에 따라 다양하게 표현이 가능하답니다. 예를 들어, 마요네즈 정도의 농도라면 소스통에 담아 물방울 모양처럼 톡톡 요리에 올릴 수 있고, 묽은 소스라면 자연스럽게 흘러내리도록 플레이팅하면 됩니다. 다만, 소스의 가장 중요한 역할은 요리에 맛을 더하는 것이므로, 이 부분을 절대 놓쳐서는 안됩니다.

1 소스통 사용하기

끝이 뾰족한 소스통에 담아서 소스를 플레이팅하는 방법이다. 소스를 원형, 물결, 글씨 등 원하는 모양으로 그릴 수 있다. 이때, 마요네즈나 발사믹글레이즈와 같이 되직하거나 진득한 농도의 소스여야 모양이 잘 유지된다.

2 플레이팅 스푼 사용하기

플레이팅 스푼(15쪽)을 사용할 경우 디테일한 표현이 가능하다. 소스로 그림을 그릴 때나 오일을 음식에 자연스럽게 담을 때에 사용하기 좋다.

TIPS

- 오일(참기름, 올리브유 등)이 들어가는 소스의 경우 다른 재료는 다 섞고 오일만 따로 더해도 좋다. 이때, 오일은 플레이팅 스푼(15쪽)을 사용해 플레이팅한다.
- 하나의 요리에 두 가지 이상의 소스를 그림 그리듯이 올리면 멋스러운 플레이팅이 완성된다.

음식 예쁘게 담는 법

5

Dish

그릇

| 음식과의 조화

그릇은 음식의 색, 질감, 모양과 잘 어울리되, 음식을 돋보이게 해줘야 합니다.

| 그릇 크기와 음식의 양

작은 그릇에 너무 많은 양의 음식을 담으면 풍성해보일 수 있지만, 때로는 답답하게도 느껴지기도 합니다. 반대로 큰 그릇에 음식을 조금 담게 되면 허전해 보일 수 있으나 한편으로는 여백의 미가 더해져 음식에 집중이 되기도 합니다.

| 모양과 패턴

둥근 그릇에는 곡선이 살아 있는 음식을, 사각 그릇에는 각진 음식을 담게 되면 훨씬 더 화려하고 독특하게 보일 수 있습니다.

| 소재와 색상

유리나 금속 소재는 차가운 느낌을, 나무나 도자기는 따뜻한 분위기를 연출할 수 있습니다. 물론 각 소재의 색상에 따라 유리나 금속 소재도 따뜻함을, 나무나 도자기도 차가운 분위기 연출이 가능하답니다.

| 용도의 변화

흔히 사용하는 용도 외 다른 방식으로 사용해보세요. 플레이팅의 효과가 극대화됩니다. 와인잔에 비빔밥이나 김치를 담거나, 밥그릇에 디저트를 담는 방식으로요. 또한 크기가 다른 그릇끼리 겹쳐서 높이감과 입체감을 주는 것도 방법이랍니다.

PLATING

가운데에 조금 홈이 있는 그릇은
공간이 분리되어 흐르는 소스가 있는 음식을
담았을 때 정갈한 느낌을 전할 수 있다.

큰 그릇에 작은 그릇을 겹쳐서 활용해보자.
음식을 분리해서 담을 수도 있고,
높이감이 생겨 훨씬 입체적이다.

동일한 모양의 작은 그릇을 여러 개 사용하면
단정한 느낌을 전할 수 있다.
핑거푸드 플레이팅에 추천!

한식뿐만 아니라 양식, 디저트 등에
유기그릇을 다양하게 사용해보자.
겹쳐서 사용하는 것도 방법이다.

PLATING RECIPES

요리에 감각을 더한
플레이팅 레시피 50가지

플레이팅의 다양한 팁을 만나보았다면, 이제 본격적인 플레이팅을 소개하겠습니다. 가까운 곳에서 자주 만날 수 있는, 우리 식탁에 매일 올라오는 일상의 요리들을 더욱 아름답게 만들어줄 간단하면서 섬세한 플레이팅이 있는 요리들입니다. 요리가 서툰 분들을 위해 간단하고 맛있는 레시피도 함께 담았으며, 알아두면 유용한 플레이팅 팁도 다양하게 준비했답니다.

샐러드는 큰 그릇에 푸짐하게 담은 후 각자 원하는 만큼 덜어서 먹는 경우가 대부분이지만, 유리컵에 1인분씩 담아 서빙하는 방식도 있습니다. 유리컵에 담으면 다양한 채소와 과일, 치즈 등의 재료가 한눈에 보여 시각적인 만족감을 느낄 수 있습니다. 유리컵으로도 충분히 특별하지만 하나의 포인트를 추가하자면, 유리컵을 뒤집어보는 겁니다. 기존 유리 바닥이 위로 올라가면서 메시지 카드나 식용꽃 등을 올릴 수 있어 손님 초대 시 더욱 신경 쓴 느낌도 낼 수 있답니다. 드레싱은 유리컵을 뒤집었을 때 흘러내릴 수 있으므로 따로 담도록 하세요.

Salad in a Glass

유리컵 샐러드

INGREDIENT

□ 한입 크기로 썬 샐러드채소 2컵
□ 방울토마토 1컵
□ 미니 모짜렐라치즈(보코치니치즈) 1컵
□ 식용꽃(36쪽)
□ 허브(30쪽)

드레싱

□ 화이트와인식초 1큰술
□ 레몬즙 1큰술
□ 올리브유 2큰술
□ 꿀 2큰술
□ 소금 약간
□ 통후추 간 것 약간

COOKING & PLATING

1 유리컵을 준비한다.
2 방울토마토, 미니 모짜렐라치즈(보코치니치즈)를 담는다.
3 샐러드채소를 가득 채운다.
4 유리컵을 뒤집어서 서빙할 그릇에 올린다.
5 뒤집은 유리컵 윗부분에 식용꽃, 허브를 올려 장식한다.
6 작은 그릇에 드레싱을 담아 따로 서빙한다.

TIPS

- 유리컵은 동그랗고 입구가 넓으며 통통한 모양이 재료를 담기에도, 보기에도 좋다.
- 유리컵을 뒤집었을 때 가장 위에 올라갈 재료를 가장 먼저 담는다. 모양과 색이 고운 채소나 과일을 추천한다.
- 재료를 작게 썰어야 먹을 때 꺼내기 편하다.
- 뒤집은 유리컵의 윗부분에 메시지 카드를 올려도 좋다.

하나의 요리에서 다양한 식감이 느껴질 때의 즐거움! 이번 샐러드에서 만날 수 있습니다. 각종 버섯을 물기가 없도록 쫄깃하게 볶은 후 바삭한 라이스페이퍼 튀김과 함께 먹어보세요. 이때 동그랗게 돔 모양으로 튀긴 라이스페이퍼로 샐러드를 덮어 플레이팅해보는 겁니다. 보는 재미도 있지만 포크로 깨는 재미도 가득하답니다. 라이스페이퍼에 샐러드를 조금씩 올려 맛보도록 하세요.

Dome Salad with Mushroom

버섯 돔샐러드

INGREDIENT

- □ 한입 크기로 썬 샐러드채소 3컵
- □ 모둠 버섯 2컵(양송이버섯, 새송이버섯, 표고버섯 등)
- □ 마늘 5~6쪽
- □ 콜리플라워 1/2컵
- □ 아스파라거스 1/2컵
- □ 소금 약간
- □ 통후추 간 것 약간
- □ 포도씨유 약간
- □ 트러플오일 약간(생략 가능)
- □ 트러플꿀 약간(생략 가능)
- □ 트러플파우더 약간(생략 가능)
- □ 그라나파다노치즈 간 것 약간
- □ 발사믹글레이즈 약간틀

라이스페이퍼 튀김

- □ 라이스페이퍼 1장
- □ 포도씨유 2컵(400㎖)

COOKING

1 모둠 버섯은 한입 크기로 얇게 썰고, 마늘은 2등분한다.
콜리플라워와 아스파라거스는 작게 썬다.

2 달군 팬에 포도씨유 약간을 두르고 모둠 버섯, 마늘, 소금, 통후추 간 것을 넣어 물기가 없어질 때까지 노릇하게 볶아 덜어둔다.

3 달군 팬에 포도씨유 약간을 두르고 콜리플라워, 아스파라거스를 아삭하게 볶은 후 소금, 통후추 간 것을 넣는다.

4 깊은 팬에 포도씨유 2컵을 넣고 센 불에서 3분 정도 끓인 후 라이스페이퍼를 넣는다.

라이스페이퍼 조각을 넣었을 때 바로 떠오르면
기름의 온도가 알맞은 것이다.

5 국자로 지긋이 누르면서 돔 모양을 만들며 튀긴다.

6 라이스페이퍼가 불투명한 흰색이 되면 바로 건져낸다.

PLATING

7 그릇에 동그란 모양으로 샐러드채소를 담는다.

8 볶은 버섯과 채소를 올린다.

9 트러플오일, 트러플꿀, 그라나파다노치즈 간 것을 뿌린다.

10 튀긴 라이스페이퍼를 덮듯이 올린 후 발사믹글레이즈, 트러플파우더를 뿌린다.

TIPS

- 튀길 때 주걱처럼 평평하고 넓게 생긴 국자를 사용하면 동그란 모양으로 만들기 수월하다.
- 라이스페이퍼는 빠른 시간에 튀겨지므로 넣자마자 국자로 모양을 만든다.
- 라이스페이퍼를 튀길 때 포도씨유의 온도가 너무 낮으면 라이스페이퍼가 기름을 과도하게 흡수, 느끼하고 눅눅해지며 질긴 식감이 된다.

고소한 맛의 아보카도샐러드를 그릇 모양의 치즈볼에 담아보세요. 치즈는 샐러드의 마지막에 뿌리는 게 대부분이지만 이렇게 볼 모양으로 만들어 사용하면 플레이팅 효과뿐만 아니라 치즈의 쫀득한 식감까지 맛볼 수 있습니다. 크리미한 아보카도, 짭조름한 명란, 상큼한 샐러드채소와도 두루 잘 어울려 다채로운 맛을 느낄 수 있답니다.

Avocado Salad in Cheese Bowl

치즈볼 아보카도샐러드

INGREDIENT

- □ 슬라이스치즈 3장 (고다치즈나 체다치즈)
- □ 아보카도 약간
- □ 명란 3큰술(껍질 제거한 것)
- □ 비트가루 1작은술
- □ 한입 크기로 썬 샐러드채소 1컵
- □ 채 썬 당근 1/2컵
- □ 식용꽃(36쪽)
- □ 허브(30쪽)
- □ 머핀 틀

스리라차 마요 드레싱

- □ 스리라차소스 1큰술
- □ 알룰로스(또는 올리고당) 1작은술
- □ 마요네즈 3큰술

COOKING

1 아보카도는 모양을 낸 후 얇게 썬다.

쏨땀 채칼로 아보카도 모양내기 72쪽 참고

2 볼에 명란, 비트가루를 넣고 섞는다.

3 명란은 동그랗게 만든다.

PLATING

4 치즈는 유산지에 올린 후 전자레인지에서 20초 정도 돌려 녹으면서 조금 구워진 듯한 상태를 만든다.

과하게 익지 않는지 중간중간 확인한다.

5 한김 식혀 유산지에서 떼어낸 후 머핀 틀에 넣어 볼 모양으로 만든다.

갓 꺼낸 치즈는 매우 뜨거우니 조심한다.

6 식으면서 단단하게 모양이 만들어지면 틀에서 꺼낸다.

7 치즈볼에 샐러드채소, 당근을 담고 아보카도, 명란, 드레싱을 뿌린 후 식용꽃과 허브로 장식한다.

TIPS

치즈는 너무 짧게 익히면 끈적한 상태라 모양을 잡기 힘들고, 너무 오래 익히면 딱딱해진다. 치즈의 테두리가 구워진 것과 같은 모양과 색이 되면 꺼내서 모양을 잡는다.

카프레제(Caprese)는 이탈리아 요리로 토마토, 모짜렐라치즈, 신선한 바질, 올리브유, 소금, 통후추 간 것을 더한 샐러드입니다. 담는 방식에 따라 애피타이저, 한 손에 들고 먹기 좋은 핑거푸드, 완벽한 파티 요리로 변신할 수 있답니다. 저는 한입 크기로 썬 토마토에 바질페스토와 리코타치즈, 발사믹식초로 만든 식용 진주알을 올려보았습니다.

Caprese Bite
한입 카프레제

INGREDIENT

- ☐ 토마토 5개
- ☐ 리코타치즈 2컵
- ☐ 시판 바질페스토 1/2컵
- ☐ 발사믹식초로 만든 식용 진주알(76쪽)
- ☐ 딜

COOKING & PLATING

1 토마토는 2등분한 후 속을 파낸다.
2 잘 세워질 수 있도록 바닥면을 평평하게 조금 도려낸다.
3 키친타월로 물기를 최대한 없앤다.
4 토마토 속에 바질페스토를 나눠 담는다.
5 리코타치즈를 짤주머니에 담은 후 토마토에 소복하게 짜 넣는다.
6 발사믹식초로 만든 식용 진주알, 딜로 장식한다.

TIPS

- 토마토의 물기를 완벽하게 없애는 것이 중요하다.
- 리코타치즈를 짤주머니에 넣고 짜면 디저트처럼 예쁜 모양으로 만들 수 있다.

차지키(Tzatziki)는 그리스 전통 요리로 요거트에 오이, 마늘, 허브, 올리브유 등을 넣어 만듭니다. 상큼하고 개운한 맛이라서 주로 빵이나 채소의 디핑소스로 활용한답니다. 대개 오이를 다져서 나머지 재료들과 모두 섞는데요, 저는 주재료인 오이를 따로 담아 아삭한 식감을 살렸습니다. 더불어 정갈하게 정렬해 플레이팅에도 신경을 썼습니다. 초록색의 오이와 대비되는 보색의 식용꽃으로 장식하면 훨씬 더 화려해 보인답니다.

Tzatziki
차지키

INGREDIENT

- □ 오이 1/2개
- □ 소금 약간
- □ 딜
- □ 식용꽃(36쪽)

소스

- □ 그릭요거트 1컵
- □ 다진 마늘 1큰술
- □ 레몬즙 1큰술(또는 라임즙)
- □ 메이플시럽 1작은술(기호에 따라 가감 또는 생략)
- □ 통후추 간 것 약간

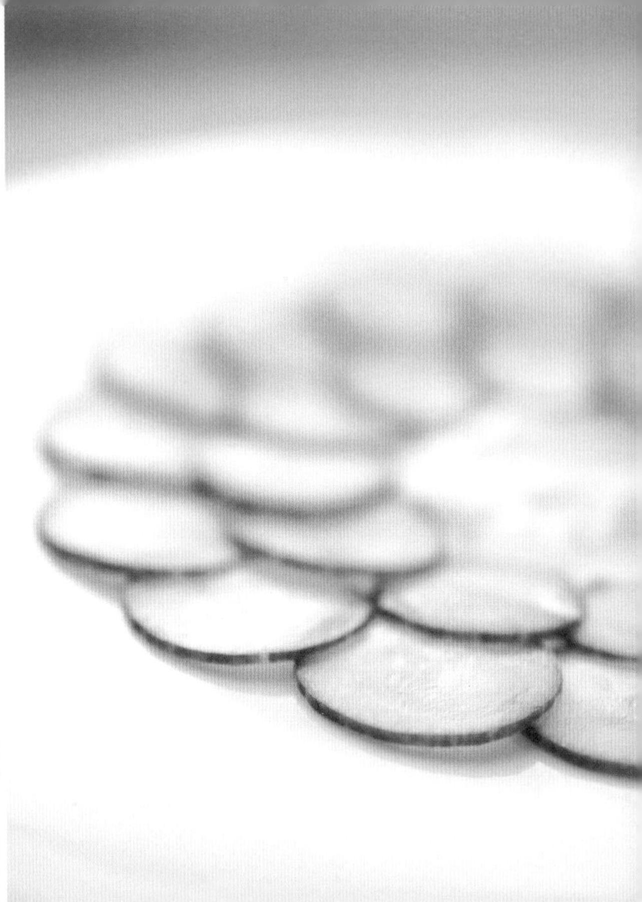

COOKING

1 오이는 동그란 모양을 살려 얇게 썬다.
2 오이에 소금을 아주 약간만 뿌려 잠시 절인 후 키친타월로 눌러 물기를 없앤다.
3 소스 재료를 섞는다.

PLATING

4 동그랗고 평평한 그릇에 소스를 얇게 펴 바른다.
5 오이를 동그랗게 둘러가며 담는다.
차곡차곡 일정한 간격으로 올려야 예쁘다.
6 딜, 식용꽃으로 장식한다.

TIPS

- 깊이가 조금 있는 그릇을 사용하면 소스를 담기 더 수월하다(126쪽).
- 소스에 딜을 넣어도 좋다.

새송이버섯의 가운데를 파내고 구운 후 크림치즈 소스를 더한 요리입니다. 버섯은 구우면 쫄깃한 식감, 진한 풍미를 느낄 수 있는데요, 여기에 치즈의 깊은 맛까지 더해지면 한결 더 고급스러워진답니다. 덕분에 손님 초대 요리나 와인 안주로 잘 어울립니다. 작은 크기의 새송이버섯을 구워서 만든 새송이버섯 잎사귀를 그릇에 함께 담으면 더욱 멋스럽답니다.

Grilled Mushroom with Cream Cheese

크림 새송이버섯구이

INGREDIENT

- □ 새송이버섯 3개
- □ 소금 약간
- □ 통후추 간 것 약간
- □ 오일 스프레이 약간
- □ 식용꽃(36쪽)
- □ 허브(30쪽)

크림치즈 소스

- □ 크림치즈 1컵
- □ 다진 파 1큰술
- □ 시판 베이컨크럼블 1큰술(생략 가능)
- □ 다진 마늘 1작은술
- □ 꿀 1작은술
- □ 소금 약간
- □ 통후추 간 것 약간

COOKING

1 새송이버섯 2개는 기둥만 남긴 후 길이로 2등분한다.
2 기둥의 가운데를 길게 파낸다.
3 새송이버섯에 소금, 통후추 간 것, 오일 스프레이를 뿌린다.
  오일 스프레드가 없다면 오일을 붓으로 발라도 좋다.
4 에어프라이어(또는 예열한 오븐)에 넣고 160℃에서 10분간 익힌 후 한김 식힌다.
5 볼에 크림치즈 소스 재료를 넣고 섞는다.
6 구운 새송이버섯의 가운데 부분에 크림치즈 소스를 채운다.
7 새송이버섯 1개는 길고 얇게 어슷썬 후 사진처럼 칼집을 넣는다.
8 중간 불에서 뒤집어가며 구워 잎사귀를 만든 후 그릇에 담는다.
9 식용꽃, 허브로 장식한다.

TIPS

- 나무 도마에 올려서 플레이팅하는 것을 추천한다.
- 크림치즈 소스를 넉넉하게 만들어 작은 그릇에 담아 함께 곁들여도 좋다.
- 시판 베이컨크럼블은 베이컨을 다진 후 건조시키거나 구운 제품이다. 짭조름하고 고소한 맛이 있으며 주로 샐러드, 파스타, 감자요리 등에 사용된다. 마트나 백화점에서 구입 가능하다.

매시드포테이토에 식용색소를 더해 만든 트리입니다. 만들기 어렵지 않고 꾸미기에 따라 다양한 스타일로 완성할 수 있으니 가족이 함께 만들어보세요. 연말 파티나 크리스마스에 잘 어울리다보니 예쁜 그릇에 담아 서빙하면 특별한 시간을 보낼 수 있답니다. 식용색소는 몇 방울만으로도 색이 달라지므로 한 방울씩 조금씩 넣어가며 원하는 색을 만드세요.

Mashed Potato Tree
포테이토 트리

INGREDIENT

- □ 감자 4개(중간 크기)
- □ 녹색 식용색소 약간(48쪽)
- □ 버터 4큰술
- □ 우유 1/2컵(100㎖)
- □ 소금 약간
- □ 통후추 간 것 약간
- □ 로즈메리

COOKING

1 감자는 껍질을 벗긴 후 한입 크기로 작게 썬다.
2 내열용기에 담고 랩을 씌운 후 포크로 구멍을 낸 다음 전자레인지에서 8~10분간 부드러워질 때까지 익힌다.
3 감자가 따뜻할 때 곱게 으깬다.
4 버터, 우유, 소금, 통후추 간 것을 넣고 섞는다.

PLATING

5 녹색 식용색소를 한 방울씩 넣으며 섞어 원하는 트리 색으로 만든다.
6 원뿔 모양으로 만든 후 그릇에 올린다.
7 가위 끝부분을 이용해 촘촘한 간격으로 칼집을 넣어 모양을 만든다.
다른 손으로 가위를 든 손을 받치면 안정적으로 자를 수 있다.
8 로즈메리로 장식한다.

TIPS

- 가위로 촘촘하게 자를수록 트리 모양이 더 섬세해진다.
- 눈이 내린 것처럼 보이고 싶다면 슈거파우더를 뿌리고, 크랜베리를 올려도 잘 어울린다.
- 큰 크기의 감자트리는 식탁 가운데에, 작은 크기의 감자트리는 여러 개 만들어 식탁 중간중간에 올리기에 적합하므로 다양한 크기로 만들어도 좋다.

샌드위치의 속재료를 모두 빵 사이에 끼우지 말고 빵에는 스프레드만 듬뿍 바르고, 채소나 과일 등은 빵 위로 올려보세요. 재료가 가진 색감, 입체적인 모양이 살아나 훨씬 더 예쁘게 만들 수 있습니다. 이렇게 만들었을 때 먹기 불편할 수 있으니 입에 넣을 수 있도록 한입 크기로 썰어두는 센스! 저는 양상추와 삶은 비트를 사용했는데요, 돌돌 만 비트가 마치 한 다발의 장미꽃으로 보인답니다.

Bouquet Sandwich
꽃다발 샌드위치

INGREDIENT

- □ 식빵 4장
- □ 양상추 약간
- □ 삶은 비트 1개(작은 크기)
- □ 식용꽃(36쪽)
- □ 민트

스프레드

- □ 크림치즈 1컵
- □ 다진 마늘 1큰술
- □ 레몬즙 1큰술
- □ 명란 2큰술(껍질 제거한 것)
- □ 꿀 1큰술

COOKING

1 볼에 스프레드 재료를 넣고 섞는다.
2 4장의 식빵 한쪽 면에 스프레드를 고루 펴 바른다.
3 식빵을 2장씩 겹친 후 가장자리를 자른다.
4 4등분하여 한입 크기로 만든다.

PLATING

5 양상추는 잎부분을 길게 썬다.
6 동그랗게 말아 샌드위치에 올린 다음 꼬치를 꽂아 고정시킨다.
7 삶은 비트는 아주 얇게 슬라이스한 후 2~3장을 겹쳐 돌돌 만다.
8 양상추 위에 비트를 올려 꽃처럼 표현한다.
   양상추, 비트가 입체감이 생기도록 손으로 정리한다.
9 식용꽃, 민트로 장식한다.
   민트 특유의 상큼한 향이 샌드위치와 잘 어울린다.

TIPS

양상추는 잎의 여린 부분을 사용해야 모양을 만들기 좋다.

신선한 생과일을 올린 과일 오픈샌드위치입니다. 만드는 방법은 간단하지만, 다양한 과일이 가진 고유의 색과 썬 모양 덕분에 다채로움을 느낄 수 있답니다. 피타브레드를 피자 조각처럼 먼저 썰어 주세요. 그리고 각 조각마다 다른 과일을 올립니다. 보색이 되는 과일끼리 마주보게 올리면 더욱 화려해 보인답니다. 건강하고 상큼한 맛이라서 아이들 간식, 이른 오전에 즐기는 비타민 가득 브런치 메뉴로 추천합니다.

Fruit Open Sandwich
과일 오픈샌드위치

INGREDIENT

☐ 피타브레드 1장(또는 또띠아)
☐ 그릭요거트 1/2컵
☐ 꿀 약간
☐ 허브(30쪽)

토핑(취향에 따라 선택)

☐ 딸기, 바나나, 블루베리, 키위, 망고, 오렌지 등

COOKING & PLATING

1 다양한 과일은 손질한 후 슬라이스하거나 모양대로 썬다.
2 그릭요거트에 꿀을 섞은 후 피타브레드에 펴 바른다.
3 피타브레드는 6등분한다.
4 피타브레드 각 조각에 과일 한 종류씩 모양 맞춰 올린다. 허브로 장식한다.

TIPS

- 과일은 얇게 썰면 먹기에 편하다.
- 과일에 쏨땀 채칼(72쪽)로 모양내도 좋다.
- 과일을 칼날에 올려서 옮기면 썬 모양을 그대로 유지할 수 있다.
- 여러 종류의 과일을 사용하면 더 다양한 색감과 맛을 느낄 수 있다.
- 마지막에 꿀, 아가베시럽, 슈거파우더 등을 뿌려 더 달콤하게 즐겨도 좋다.

오코노미야키를 바처럼 만들어 손쉽게 들고 먹을 수 있도록 했습니다. 베이컨으로 감싼 덕분에 바삭한 식감도 느낄 수 있고 토핑을 올리기도 수월하답니다. 속에 듬뿍 든 치즈, 양배추의 고소한 맛과 베이컨의 짭조름한 맛도 아주 잘 어울립니다. 오코노미야키 소스를 기본으로 펴 바른 후 취향에 따라 토핑을 다양하게 올리면 됩니다. 아이와 함께 만든다면 또 다른 추억을 선사할 수 있을 겁니다.

Okonomi Sandbar

오코노미야키 샌드바

INGREDIENT

- ☐ 밀가루 2컵(중력분)
- ☐ 달걀 2개
- ☐ 설탕 1작은술
- ☐ 소금 1작은술
- ☐ 물 1과 1/2컵(300㎖)
- ☐ 채 썬 양배추 2컵
- ☐ 슈레드 피자치즈 1컵
- ☐ 베이컨 3~4줄
- ☐ 식용꽃(36쪽)
- ☐ 허브(30쪽)

토핑(취향에 따라 선택)

- ☐ 시판 오코노미야키 소스
- ☐ 마요네즈
- ☐ 달걀
- ☐ 쪽파
- ☐ 래디시
- ☐ 오이
- ☐ 깨(통깨, 검은깨)

1 2

3 4

5 6

COOKING

1 볼에 밀가루, 달걀, 설탕, 소금을 넣고 섞은 후 물을 조금씩 더하면서 걸쭉한 상태의 반죽을 만든다.

2 채 썬 양배추를 넣고 섞는다.

3 사각 팬에 베이컨을 겹치지 않게 깐다. ②를 붓고 넓게 펼친 후 뚜껑을 덮고 중간 불에서 10분간 익힌다.

베이컨은 바삭한 식감과 함께 겉을 단단하게 만들어줘서 토핑을 올리기 수월하다.

4 슈레드 피자치즈를 펼쳐 넣고 뚜껑을 덮은 후 치즈가 녹을 때까지 약한 불에서 그대로 둔다.

5 팬에서 꺼내 도마 위에 그대로 올린다.

6 적당한 간격을 두고 젓가락 4개를 반죽에 올린다. 이때, 젓가락을 반죽의 중간 지점까지만 올려야 과정 ⑦에서 반죽을 접을 수 있다.

7 반을 접은 후 뒤집개로 꾹 눌러 붙인다.

PLATING

8 그대로 한김 식힌 후 핫바 모양으로 썬다.

9 오코노미야키 소스를 펴 바른 후 원하는 토핑을 다양하게 올린다.

- 얇고 길게 썬 오이를 물결 모양으로 올린다.
- 통깨를 1/2지점까지 뿌린 후 가운데에 원형 쿠키 커터(60쪽)로 자른 달걀프라이 노른자를 올린다.
- 얇게 썬 래디시를 나란히 올린다.
- 마요네즈를 끝이 뾰족한 소스통(123쪽)에 담아 줄무늬로 짠 후 이쑤시개로 쓱쓱 그어 물결 모양을 만든다.
- 식용꽃, 허브로 장식한다.

TIPS

과정 ⑧에서 유산지를 올린 후 무거운 그릇이나 팬으로 눌러두면 반죽이 더 잘 붙는다.

사각 완탕 만두피를 이용해 만두를 만들어보세요. 컬러 콜리플라워를 가운데에 꽂으면 멋스러움과 함께 마치 보자기 묶은 모양을 표현한 것 같기도 하답니다. 특별한 재료 없이 만든 만두이지만 예쁜 모양 덕분에 식탁을 아름답게 채워줄 겁니다.

Bojagi Dumpling
보자기만두

INGREDIENT

- ☐ 사각 완탕 만두피 1팩
- ☐ 작게 썬 컬러 콜리플라워 약간
- ☐ 허브(30쪽)

속재료

- ☐ 다진 돼지고기 2컵
- ☐ 잘게 다진 생새우살 1컵(200g)
- ☐ 물 2큰술
- ☐ 다진 부추 1/2컵
- ☐ 다진 마늘 1큰술
- ☐ 다진 청양고추 1큰술(생략 가능)
- ☐ 양조간장 1큰술
- ☐ 설탕 1작은술
- ☐ 다진 생강 1작은술
- ☐ 맛술 1작은술
- ☐ 참기름 1작은술
- ☐ 소금 약간
- ☐ 통후추 간 것 약간

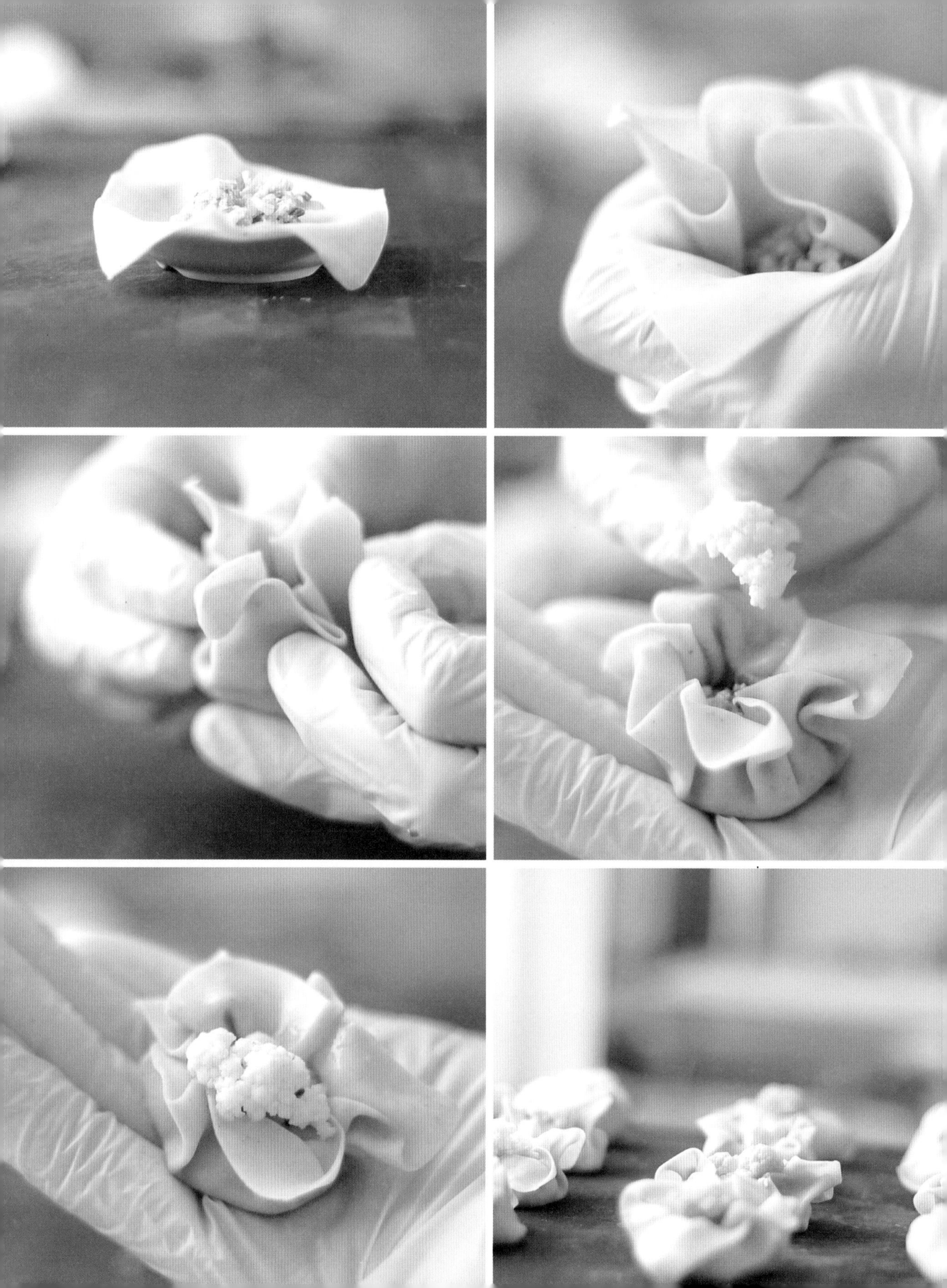

COOKING & PLATING

1 볼에 다진 돼지고기, 물을 넣고 물기가 없어질 때까지 한쪽 방향으로 충분히 치댄다.

2 나머지 속재료를 모두 넣고 섞는다.

3 그릇에 만두피를 올리고 ②를 1작은술 올린 후 윗부분을 모아준다.

4 모은 부분을 꽃처럼 벌린 후 컬러 콜리플라워를 꽂는다.

5 김이 오른 찜기에 넣고 센 불에서 10분간 익힌다.

6 나무 도마에 올린 후 허브를 자연스럽게 뿌려 장식한다.

TIPS

양조간장 1큰술, 설탕 1작은술, 고춧가루 1작은술, 식초 1작은술, 참기름 약간, 후춧가루 약간을 섞은 소스에 찍어 먹으면 맛있다.

설날이면 꼭 챙기는 메뉴, 떡국입니다. 국물이 있는 요리라고 꼭 국그릇에 담아야 한다는 생각을 바꿔보세요. 깊이가 있는 파스타볼이나 접시에 담는 것도 방법입니다. 떡국 떡을 큰 꽃 모양이 되도록 둘러 담고, 그 가운데에 꽃 모양으로 만든 수제 만두를 올려보는 건 어떨까요? 꽃만두는 여러 개의 작은 만두로 만들었기에 1개씩 떼어내서 떡국 떡과 함께 먹으면 그 재미도 쏠쏠하답니다.

Rice Cake Soup with Flower Dumpling

꽃만두와 떡국

INGREDIENT

떡국

- □ 떡국 떡 2컵
- □ 시판 사골국물 4~5컵(800㎖~1ℓ)
- □ 모양낸 파 약간(18쪽)
- □ 허브(30쪽)

꽃만두

- □ 만두피 5장
- □ 다진 돼지고기 1컵
- □ 다진 파 3큰술
- □ 다진 마늘 1큰술
- □ 양조간장 1큰술
- □ 참기름 1큰술
- □ 소금 약간
- □ 후춧가루 약간

1 2 3 4
5 6 7 8

COOKING

1 볼에 만두피를 제외한 꽃만두 재료를 넣고 섞는다.
2 젓가락을 이용해 찰기가 생기고 물기가 없어질 때까지 섞는다.
3 만두피를 조금 겹쳐지게 펼친 후 겹쳐진 부분에 물을 발라 고정시킨다.
4 ②를 만두피 가운데에 조금씩 올린다.
5 만두피의 가장자리에 물을 바른 후 반으로 접어 붙인다.
6 만두피를 말아 꽃 모양으로 만든 후 윗부분을 펼친다.
7 떡국 떡은 물에 담가두고, 냄비에 사골국물을 넣어 끓인다.
8 사골국물이 끓어오르면 떡국 떡을 넣고 너무 퍼지지 않게 끓인다.
9 만두는 김이 오른 찜기에 넣고 10~15분간 익힌다.

PLATING

10 깊이가 조금 있는 큰 접시(파스타볼)에 떡국 떡을 둘러 담은 후 가운데에 만두를 올린다.

11 떡 모양이 흐트러지지 않게 사골국물을 붓는다.

12 모양낸 파, 허브로 장식한다.

TIPS

- 만두소는 조금씩 넣어야 돌돌 말 때 만두소가 빠져나오지 않는다.
- 현미 떡국 떡(베이지색), 단호박 떡국 떡(노란색), 쑥 떡국 떡(초록색), 흑미 떡국 떡(보라색) 등 다양한 색깔의 떡국 떡을 활용하면 더 화사하게 플레이팅할 수 있다.

동그란 모양으로 만든 만두소를 전분에 굴려 만드는 평양식 만두인 굴림만두. 저는 전분 대신 특별하게 치아시드와 아마란스를 입혀 더욱 건강하게, 더욱 예쁘게 만들어보았습니다. 치아시드는 오메가3와 단백질이 풍부하고, 익혔을 때 만두소의 수분을 머금게 되면서 바삭한 식감도 더해준답니다. 곁들여서 함께 내는 소스를 만두에 자연스럽게 깔아보세요. 먹기도 편하고, 플레이팅의 멋도 더할 수 있습니다.

Shrimp-filled Steamed Dumpling

새우 굴림만두

INGREDIENT

- □ 다진 생새우살 2컵(400g)
- □ 다진 대파(흰 부분) 2큰술
- □ 다진 마늘 2큰술
- □ 생강가루 약간
- □ 물 1큰술
- □ 달걀흰자 1개
- □ 감자전분 2큰술
- □ 참기름 1작은술
- □ 소금 약간
- □ 후춧가루 약간
- □ 치아시드 1/2컵
- □ 아마란스 1/2컵
- □ 비트가루 1큰술(또는 식용색소)
- □ 딜
- □ 날치알(레드, 블랙)

소스

- □ 마요네즈 4큰술
- □ 시판 쌈장 2큰술
- □ 아가베시럽 2큰술

1 2 3 4
5 6 7 8

COOKING & PLATING

1 볼에 다진 생새우살, 다진 대파, 다진 마늘, 생강가루를 넣고 섞는다.
2 달걀흰자, 감자전분, 참기름, 소금, 후춧가루를 넣고 한쪽 방향으로 충분히 치댄다.
3 물을 조금씩 넣어가며 한쪽 방향으로 섞어 반죽을 만든다.
4 한입 크기의 동그란 모양으로 만든다.
5 두 개의 그릇에 각각 치아시드, 아마란스 + 비트가루를 담는다.
6 ④를 ⑤의 그릇에 나눠 넣고 굴려가며 겉면에 입힌다.
7 김이 오른 찜기에 넣고 10~15분간 익힌다.
8 소스 재료를 섞은 후 그릇에 동그랗게 조금씩 짜고, 굴림만두를 1개씩 올린다.
9 딜, 날치알을 올려 장식한다.

TIPS

- 치아시드는 수분을 흡수해 모양을 더 단단하게 하고,
  익혔을 때 바삭한 식감을 느끼게 해준다.
- 치아시드를 과다 섭취하게 되면 체내의 수분을 치아시드가 흡수,
  부풀어오르게 되고, 이로 인해 복통이나 설사가 발생하기도 한다.
  따라서 수분을 함께 충분히 섭취하는 것이 좋다.
- 날치알은 맛술에 담갔다가 헹궈 사용하면 비린맛을 없앨 수 있다.

얇은 피에 고기나 해산물, 채소를 넣어 돌돌 말아 먹는 홍콩 요리 창펀. 탱탱하고 감칠맛 좋은 새우로 창펀을 만들었습니다. 쌀가루로 피를 만들어야 하는 번거로움을 없애고자 라이스페이퍼를 사용했는데요, 라이스페이퍼는 쉽게 찢어지기 때문에 서빙 그릇에 담은 채로 찜기에 익히는 것이 플레이팅의 핵심이랍니다. 그래서 요리 전에 미리 찜기에 들어갈 크기의 그릇을 선택해두는 것이 중요해요. 창펀과 비슷한 흰색의 그릇을 선택한 후 쪽파나 깨, 식용꽃 등으로 장식해보세요. 도화지에 그린 멋진 그림처럼 느껴질 거예요.

Easy Shrimp Cheong Fun

라이스페이퍼 새우창펀

INGREDIENT

- □ 생새우살 16마리
- □ 라이스페이퍼 4장
- □ 맛술 1작은술
- □ 피시소스 1작은술
- □ 감자전분 1작은술
- □ 소금 약간
- □ 후춧가루 약간
- □ 참기름 약간
- □ 깨(통깨, 검은깨)
- □ 모양낸 파(18쪽)
- □ 식용꽃(36쪽)

소스

- □ 생수 1큰술
- □ 양조간장 1큰술
- □ 아가베시럽 1큰술
- □ 굴소스 1작은술
- □ 참기름 약간

COOKING

1 서빙할 그릇(찜기에 들어가는 크기)에 참기름을 바른다.

2 생새우살에 맛술, 피시소스, 감자전분, 소금, 후춧가루를 넣고 섞는다.

3 라이스페이퍼가 말랑해지도록 물을 묻힌다.

4 라이스페이퍼 가운데에 새우 4마리를 나란히 올리고 돌돌 만다.

5 ①의 그릇에 라이스페이퍼에 돌돌 만 새우를 올린다.
라이스페이퍼가 부드럽게 되도록 잠시 그대로 둔다.

6 김이 오른 찜기에 그릇째 넣고 라이스페이퍼가 투명해질 때까지
센 불에서 5~7분간 익힌다.

7 불을 끄고 그대로 2분간 뜸을 들인다.

PLATING

8 찜기에 넣은 그릇을 그대로 꺼내 한김 식힌 후
깨, 모양낸 파, 식용꽃으로 장식하고, 소스를 곁들인다.

그릇이 뜨거우니 꺼낼 때 조심한다.

TIPS

- 그릇에 참기름을 묻히면 라이스페이퍼가 달라붙지 않는다.
- 얇은 라이스페이퍼는 쉽게 찢어질 수 있으므로
2장을 겹쳐서 사용하는 것이 좋다.
- 찜기에 넣기 전에 라이스페이퍼가 부드러운 상태가 되어야 하고,
불을 끈 후 뜸을 들여야 한다.

얼핏 보면 몽실몽실한 모양의 부라타치즈가 연상되는 두부라타입니다. 식감 또한 부라타치즈와 비슷한데요, 훨씬 더 고소하고, 열량은 낮아 건강하게 즐길 수 있습니다. 연두부를 한번 갈아서 만들어서 부드러움 역시 배로 느낄 수 있답니다. 짭조름한 소스를 곁들여 애피타이저로 즐겨도 좋고, 채소를 더해 샐러드처럼 먹어도 맛있어요. 연두부를 감싸는 라이스페이퍼는 연하고 쉽게 찢어지므로 조심스레 다뤄야합니다.

Soft Tofu Ball

두부라타

INGREDIENT

- □ 라이스페이퍼 2장
- □ 연두부 2컵
- □ 소금 약간
- □ 참기름 약간
- □ 깨(통깨, 검은깨)
- □ 식용꽃(36쪽)

소스

- □ 쯔유 2큰술
- □ 물 2큰술
- □ 아가베시럽 2큰술
- □ 와사비가루 1작은술

1 2 3 4
5 6 7 8

COOKING

1 믹서에 연두부, 소금, 참기름을 넣고 곱게 간다.

갈아서 냉장실에 30분 정도 두면 더 탄력 있는 식감으로 즐길 수 있다.

2 라이스페이퍼에 물을 적신 후 밥그릇에 올린다.
자연스럽게 그릇 모양이 되게 만든다.

밥그릇에 물을 묻히면 라이스페이퍼를 쉽게 뗄 수 있다.

3 라이스페이퍼에 곱게 간 연두부를 담고 찢어지지 않도록
윗부분을 모아준다.

4 윗부분에 힘을 줘서 고정시킨 후 가위로 자른다.

PLATING

5 그릇에 깨를 뿌린다.

6 젓가락으로 깨를 일(一) 자 모양을 만든다.

7 ④를 깨에 올려 묻힌 다음 그릇에 담는다.
식용꽃으로 장식한다.

8 소스 재료를 섞어 붓거나 따로 곁들인다.

TIPS

- 허브(30쪽), 식용 금(43쪽)으로 장식해도 좋다.
- 라이스페이퍼는 자주 옮기면 쉽게 찢어지니 주의한다.

이번 요리는 성게알을 넣지 않은 성게알 모양의 요리입니다. 모양이며 색감, 식감까지 모두가 깜박 속을 만큼 성게알과 닮았죠? 신이 내린 곡물이라고 불릴 정도로 다양한 영양을 가지고 있는 슈퍼곡물 아마란스를 사용했답니다. 다른 곡물에 비해 단백질 함량이 높은 아마란스에 카레가루를 더한 후 연두부와 함께 곱게 갈면 성게알과 정말 비슷한 모양이 됩니다. 다양한 요리에 성게알 대신 더해 보세요. 보는 즐거움과 맛, 건강까지 확실하게 챙길 수 있습니다.

Amaranth Tofu Paste with Curry

두부 성게알

INGREDIENT

- ☐ 아마란스 1컵
- ☐ 카레가루 1큰술
- ☐ 물 2컵(400㎖)
- ☐ 연두부 3큰술
- ☐ 피시소스 1작은술
- ☐ 소금 약간
- ☐ 식용꽃(36쪽)
- ☐ 허브(30쪽)

COOKING

1 냄비에 아마란스, 카레가루, 물 2컵(400㎖)을 넣고 중간 불에서 20분간 끓인다.

2 체에 밭쳐 흐르는 물에 씻은 후 그대로 물기를 뺀다.

3 연두부는 믹서에 곱게 간다.

4 연두부, 삶은 아마란스, 피시소스, 소금을 섞는다.

PLATING

5 짤주머니에 채워 넣고 끝부분을 잘라낸다.

6 다양한 모양으로 만든 후 식용꽃, 허브로 장식한다.

- 밥 위에 성게알처럼 짠다.
- 그릇에 성게알처럼 짠다.

TIPS

- 카레가루를 넣어 성게알과 같은 색을 내는 것이 포인트이다.
- 카레 향이 싫다면 치자가루나 식용색소(48쪽)로 대체해도 좋다.
- 짤주머니를 사용하면 다양한 모양으로 연출이 가능하다.

명란을 두부 위에 차곡차곡 쌓아 만든 두부케이크입니다. 동그랗게 만든 앙증맞은 명란 덕분에 식탁이 더 화려해집니다. 높이감을 살린 두부는 케이크를 연상시키는 중요한 역할을 하고, 고소한 맛 덕분에 짭조름한 명란과의 맛 궁합도 좋답니다. 손님이 오셨을 때 애피타이저로 준비해보세요.

Pollack Roe and Tofu Cake

명란볼 두부케이크

INGREDIENT

☐ 명란 1컵(껍질 제거한 것)
☐ 두부(부침용) 1개
☐ 식용꽃(36쪽)
☐ 허브(30쪽)
☐ 원형 쿠키 커터(60쪽)

소스

☐ 생수 1큰술
☐ 양조간장 1큰술
☐ 올리고당 1큰술
☐ 참기름 1큰술

COOKING

1 김이 오른 찜기에 두부를 넣고 10분간 익힌다.
2 한김 식힌 후 원형 쿠키 커터로 두부를 자른다.
3 두부를 키친타월에 올려 물기를 없앤다.
4 명란은 조금씩 손바닥에 올려 동그랗게 만든다.

PLATING

5 두부에 명란을 차곡차곡 쌓아올린다.
6 소스 재료를 섞어 두부 옆에 부어 곁들인다.
7 식용꽃, 허브로 장식한다.

TIPS

- 두부는 쪄낸 후 뜨거울 때 잘라야 깔끔하게 자를 수 있다.
- 가운데가 살짝 들어간 그릇을 사용하면 소스를 담기 좋다(126쪽).
- 소스 재료의 참기름을 섞지 않고 마지막에 따로 뿌리면 더 효과적인 플레이팅을 할 수 있다.

1
3
2
4

흔히 아는 도토리묵은 네모 반듯한 모양에, 물결 모양의 묵칼로 써는 것이 플레이팅의 전부인데요, 조금 더 특별하게 만들고 싶다면 베이킹 실리콘 몰드에 굳혀보세요. 사용하는 몰드에 따라 다양한 모양을 낼 수 있으니 이것저것 만들어보는 것도 또 하나의 재미입니다. 저는 이번에 도넛 모양의 도토리묵을 만들었습니다. 도토리묵과 어울리는 토핑을 올리면 평범한 반찬에서 근사한 묵 요리로 변신합니다.

Acorn Donut Jelly

도넛 도토리묵

INGREDIENT

- ☐ 도토리묵가루 1컵(200g)
- ☐ 물 6컵(1.2ℓ)
- ☐ 소금 1큰술
- ☐ 들기름 1큰술
- ☐ 식용꽃(36쪽)
- ☐ 허브(30쪽)
- ☐ 도넛 베이킹 실리콘 몰드(54쪽)

토핑(취향에 따라 선택)

- ☐ 김치볶음(299쪽)
- ☐ 젓갈
- ☐ 매콤한 반찬
- ☐ 통깨

간장 소스

- ☐ 다진 파 1큰술
- ☐ 양조간장 3큰술
- ☐ 매실청 1큰술
- ☐ 설탕 1작은술
- ☐ 다진 고추 1작은술
- ☐ 참기름 1작은술
- ☐ 통깨 약간

COOKING & PLATING

1 냄비에 도토리묵가루, 물, 소금을 넣고 섞는다.

도토리묵가루와 물의 비율은 1:6으로 맞추면 좋다.

2 센 불에서 저어가며 끓이다가 되직해지고 뭉쳐지는 느낌이 나면 중간 불로 줄여 저어가며 계속 익힌다.

3 걸쭉해지고 기포가 올라오면 약한 불로 줄인다. 들기름을 넣고 섞은 후 불을 끈다.

4 도넛 베이킹 실리콘 몰드에 들기름을 바르고 ③을 붓는다.

5 한김 식힌 후 냉장실에 넣고 1시간 동안 굳힌다.

6 도토리묵을 몰드에서 꺼내 그릇에 담고 원하는 토핑을 올린다. 식용꽃, 허브로 장식한다.

7 간장 소스 재료를 섞은 후 곁들인다.

TIPS

- 몰드에 깨를 뿌린 후 도토리묵 반죽을 부으면 깨가 박힌 도토리묵을 만들 수 있다.
- 통깨, 검은깨를 적절하게 섞어서 사용하면 다채로운 느낌의 도토리묵이 만들어진다.
- 실리콘 몰드(54쪽)에 따라 다양한 모양의 도토리묵을 만들 수 있다. 이때 모서리가 뾰족하거나 섬세한 모양의 몰드보다는 도넛, 원형, 반달 모양 등으로 만들면 모양이 더 예쁘다.

통 삼겹살을 간장 소스에 졸여 익힌 동파육 스타일의 요리입니다. 전통적인 동파육 조리법은 아니지만 훨씬 간단하게 훌륭한 맛을 낼 수 있답니다. 동파육을 먹을 때 청경채를 함께 곁들이는 경우가 많은데요, 청경채의 아삭한 식감과 입체감이 살아 있는 모양을 유지하는 방법도 소개할게요. 청경채를 하나씩 집을 수 있도록 가지런히 담은 덕분에 고기를 한 점씩 올려 싸 먹기도 훨씬 수월하답니다.

Braised Pork Belly with Bok Choi

청경채 동파육

INGREDIENT

- ☐ 통 삼겹살 2덩어리(800g)
- ☐ 청경채 4개
- ☐ 청양고추 3개
- ☐ 마늘 5쪽
- ☐ 참기름 1작은술
- ☐ 식용꽃(36쪽)
- ☐ 허브(30쪽)

간장 소스

- ☐ 양조간장 1컵(200㎖)
- ☐ 맛술 1컵(200㎖)
- ☐ 물 1컵(200㎖)
- ☐ 올리고당 1컵(200㎖)
- ☐ 노두유 1큰술(생략 가능)

COOKING

1 통 삼겹살은 냄비 크기에 맞춰 2~3등분한다.

2 달군 냄비에 통 삼겹살의 껍질 쪽이 바닥에 닿게 넣고 돌려가며 겉면만 골고루 익힌다.

3 간장 소스 재료를 붓고 청양고추, 마늘을 넣은 후 뚜껑을 덮고 중간 불에서 20분간 졸이듯이 익힌다.

4 청경채는 밑동을 잘라낸 후 잎을 1장씩 떼어낸다.

5 끓는 물에 청경채를 넣고 살짝 데친 후 찬물에 헹군 다음 물기를 꼭 짠다.

6 데친 청경채는 비슷한 크기끼리 분류한다.
푸른 잎의 끝부분을 잘라내 모양을 정리해도 좋다.

7 통 삼겹살을 한김 식힌 후 먹기 좋은 두께로 썬다.

PLATING

8 청경채는 동그란 형태를 유지하면서 그릇에 담는다.
이때, 큰 사이즈의 청경채를 먼저 그릇에 담고,
그 위에 작은 사이즈의 청경채를 올린다.

9 통 삼겹살은 청경채 옆에 보기 좋게 담는다.
식용꽃, 허브로 장식한다.

TIPS

청경채를 살짝 데쳐야 입체감 있는 모양이 유지된다.

타코(Taco)는 또띠아에 다양한 채소, 고기를 넣어 싸 먹는 멕시코의 대표적인 요리입니다. 또띠아 대신 타코쉘을 이용하기도 하는데요, 타코쉘은 옥수수 반죽을 이용해 한 손에 잡기 좋도록 모양이 잡혀져 나온 제품을 말합니다. 타코쉘 모양의 돈가스로 타코를 만들어봤습니다. 돈가스의 고소한 맛, 신선한 채소의 아삭하고 시원한 맛의 조화가 뛰어나고, 가볍게 들고 먹기에 좋아 나들이 도시락으로도 제격이지요. 돈가스타코를 만들 때 가장 중요한 것은 돈가스 고기를 가능한 얇게, 손바닥 크기 정도로 펴는 것입니다. 그래야 부담 없이 즐길 수 있답니다.

Pork Cutlet Taco
돈가스타코

INGREDIENT

- □ 돼지고기 등심 4조각(돈가스용)
- □ 튀김용 기름 적당량
- □ 밀가루 1/2컵
- □ 달걀 1개
- □ 빵가루 1컵
- □ 소금 약간
- □ 통후추 간 것 약간
- □ 허브(30쪽)

속재료(취향에 따라 선택)

- □ 양상추
- □ 얇게 썬 토마토
- □ 얇게 썬 오이
- □ 얇게 채 썬 양파
- □ 시판 돈가스소스

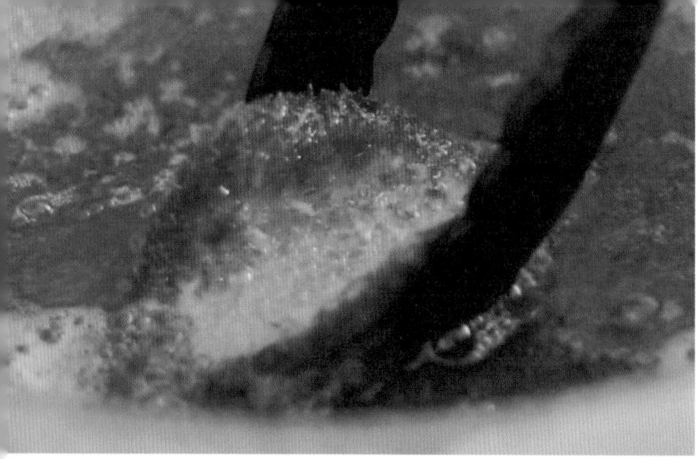

COOKING & PLATING

1 돼지고기 등심은 고기망치로 얇게 두드려 편다.
2 손바닥 크기로 만든 후 소금, 통후추 간 것을 뿌린다.
3 밀가루 → 달걀 → 빵가루 순으로 입힌 후 달군 기름에 넣고 튀긴다.
4 돈가스가 노릇해지면 집게를 사용해서 고기를 반으로 접어서 모양을 만든다.
5 기름에서 꺼낸 후 한번 더 집게에 힘을 줘서 모양을 잡아준 다음 체에 밭쳐 기름기를 뺀다.
6 튀긴 돈가스에 양상추, 토마토, 오이, 양파를 올린 후 돈가스소스를 더한다. 허브로 장식한다.

TIPS

- 돈가스의 속재료는 취향에 따라 다양하게 더해도 좋다.
- 밥을 올리면 돈가스 오픈김밥으로 즐길 수 있다.
- 두 번 튀기면 더 바삭하게 즐길 수 있다.

1
3
2
4

플레이팅의 기본은 요리에 사용되는 주재료를 제대로 활용하는 것! 육회하면 바로 배와 노른자가 떠오르는데요, 채 썬 배 위에 고기를 담는 일반적인 스타일이 아닌 다른 방법을 제안합니다. 반달 모양으로 썬 배 사이에 육회용 소고기를 두툼하게 채우고 손으로 잡고 먹을 수 있게 해보는 겁니다. 육회용 소고기는 신선한 우둔살, 홍두깨살을 사용하세요.

Beef Tartare Sandwich

육회 샌드

INGREDIENT

- ☐ 육회용 소고기 3컵
- ☐ 배 1/2개
- ☐ 메추리알 노른자 3개
- ☐ 통깨
- ☐ 허브(30쪽)
- ☐ 원형 쿠키 커터(60쪽)

양념

- ☐ 다진 마늘 1큰술
- ☐ 참기름 1큰술
- ☐ 소금 1작은술
- ☐ 설탕 1작은술
- ☐ 양조간장 1작은술

COOKING

1 육회용 소고기에 양념 재료를 넣고 버무린다.

2 배는 얇게 반달 모양으로 썬다.

3 원형 쿠키 커터를 이용해 과육 부분만 반달 모양으로 다시 도려낸다.

PLATING

4 원형 쿠키 커터에 육회용 소고기를 반달 모양으로 채운다.

5 육회용 소고기 양쪽에 반달 모양으로 썬 배를 붙인다.

6 틀에서 분리한 후 그릇에 조심스럽게 올린다.

7 통깨, 메추리알 노른자, 허브로 장식한다.

TIPS

- 소고기 윗부분을 스푼으로 조금 누른 다음 메추리알 노른자를 올리면 훨씬 안정적으로 담을 수 있다.
- 슬라이스 한 배를 함께 담아 타파스나 카나페처럼 즐겨도 좋다.

평범한 요리도 어떻게 담느냐에 따라 파티요리로 변신이 가능합니다. 밥에 쓱쓱 비벼 상추에 쌈 싸 먹던 매콤한 고추장소고기를 아이스크림처럼 만들어보세요. 아이스크림 콘에 양상추, 동그랗게 만든 밥, 그리고 고추장소고기를 올리면 됩니다. 수북하게 쌓인 잡곡에 아이스크림 콘을 꽂으면 잘 고정시킬 수 있고, 내추럴한 느낌도 살릴 수 있답니다.

Corn Rice with Spicy Beef

스파이시 비프콘

INGREDIENT

- □ 아이스크림 콘 6개
- □ 따뜻한 밥 2컵
- □ 양상추 약간
- □ 잡곡 적당량
- □ 송송 썬 쪽파
- □ 통깨
- □ 식용꽃(36쪽)
- □ 허브(30쪽)

밥 양념

- □ 통깨 1큰술
- □ 참기름 1큰술
- □ 맛소금 1작은술(또는 소금)

고추장소고기

- □ 다진 소고기 2컵
- □ 다진 파 2큰술
- □ 다진 마늘 2큰술
- □ 다진 양파 1/2컵
- □ 다진 고추 1큰술
- □ 맛술 1큰술
- □ 양조간장 1큰술
- □ 고추장 2큰술
- □ 고춧가루 2큰술
- □ 올리고당 3큰술
- □ 생강가루 약간
- □ 카레가루 약간
- □ 통후추 간 것 약간

COOKING

1 달군 팬에 다진 파, 다진 마늘을 넣고 볶은 후 다진 양파, 다진 고추를 넣고 한번 더 볶는다.

2 다진 소고기를 넣고 뭉치지 않게 풀어주며 볶는다.

3 맛술, 양조간장, 고추장, 고춧가루, 올리고당을 넣고 볶는다.

4 생강가루, 카레가루, 통후추 간 것을 넣고 섞은 후 한김 식혀 밥그릇에 담는다. 송송 썬 쪽파, 통깨를 올려 고추장소고기를 만든다.

5 볼에 밥, 밥 양념 재료를 넣고 섞은 후 아이스크림 콘에 올라갈 정도의 크기로 동그랗게 만든다.

PLATING

6 큰 그릇에 잡곡을 가득 담은 후 고추장소고기를 가운데에 올린다.

7 아이스크림 콘에 물기 없는 양상추를 담는다.

8 동그랗게 만든 밥을 아이스크림 콘에 올린다.

9 ⑥의 잡곡에 아이스크림 콘을 꽂운다.

10 식용꽃, 허브로 장식한다.

TIPS

- 아이스크림 콘이 많거나 다른 스타일로 플레이팅하고 싶다면 아이스크림 콘만 잡곡에 꽂고, 고추장소고기는 따로 곁들여도 좋다.
- 아이스크림 콘은 작은 크기가 좋다.
- 잡곡은 집에 있는 쌀이나 보리, 흑미, 렌틸콩 등 어떤 것을 사용해도 좋다.

양념한 고기를 구워서 채소와 함께 먹는 케밥(Kebab)은 터키의 대표 음식입니다. 고기를 긴 꼬챙이에 꽂은 후 천천히 돌려가며 화로에서 익히는 것이 전통 방법인데요, 집에서도 쉽게 만들 수 있는 방법을 소개합니다. 닭다리살을 간장 소스에 마리네이드한 후 꼬치에 꽂아 오븐에 익히면 됩니다. 꼬치 그대로 식탁으로 가져와 칼로 고기를 썰어가며 먹어보세요. 압도적인 비주얼이 시선을 사로잡는 덕분에 연말 파티나 손님 초대상에 올리면 좋답니다.

Homemade Chicken Kebab

홈메이드 치킨 케밥

INGREDIENT

☐ 닭다리살 8쪽(약 600g)
☐ 또띠야 3~4장(기호에 따라 가감)
☐ 각종 채소(파프리카, 아보카도, 양파 등)
☐ 각종 소스(살사소스, 사워크림 등)
☐ 허브(30쪽)

간장 소스

☐ 양조간장 1컵(200㎖)
☐ 다진 마늘 2큰술
☐ 다진 파 2큰술
☐ 다진 고수 1/2컵
☐ 설탕 2큰술
☐ 맛술 1큰술
☐ 피시소스 1큰술
☐ 코코넛크림 1큰술

1 2 3 4
5 6 7 8

COOKING & PLATING

1 큰 볼에 간장 소스 재료를 섞은 후 닭다리살을 넣어 버무린다.
하루 정도 냉장실에서 숙성시켜도 좋다.
2 닭다리살 가운데에 꼬치를 끼운다.
3 꼬치에 담긴 닭다리살을 그릇에 조심스럽게 올린다.
4 남은 소스를 닭다리살에 모두 붓는다.
5 쿠킹포일로 완전히 감싼 후 180℃로 예열한 오븐에 넣고 40분간 굽는다.
6 쿠킹포일을 벗기고 토치를 이용하여 겉면을 더 익혀주며 불향을 낸다.
7 꼬치에 꽂힌 상태의 닭다리살을 그대로 식탁에 올린 후 고기를 조금씩 저미듯이 썰어서 서빙한다.
8 또띠야, 다양한 채소(쏨땀 채칼로 모양내기 72쪽), 각종 소스를 곁들이고, 허브로 장식한다.

TIPS

꼬치가 없다면 쇠젓가락을 활용해도 된다.

겉은 바삭하고 짭조름하면서 속은 촉촉한 베이징덕. 워낙 고가의 요리인데다가 집에서 만들기 어렵다 보니 자주 접하기가 쉽지 않은데요, 마트에서 파는 훈제요리를 이용하면 베이징덕 스타일의 훈제오리를 즐길 수 있습니다. 훈제오리에 간장 소스를 계속 덧발라가며 구우면 마치 베이징덕과 같은 맛과 식감이 나기 때문인데요, 플레이팅할 때는 함께 먹으면 좋은 재료를 같이 올리도록 하세요. 깻잎, 쌈무, 밀전병이나 포두부 등을 추천합니다.

Beijing Smoked Duck

베이징 훈제오리

INGREDIENT

- □ 훈제오리 1/2마리(통으로 된 것)
- □ 깻잎 약간
- □ 허니머스터드 소스 약간
- □ 식용꽃(36쪽)
- □ 허브(30쪽)
- □ 모양낸 파(18쪽)

간장 소스

- □ 양조간장 2큰술
- □ 올리고당 2큰술
- □ 맛술 2큰술

COOKING

1 소스 재료를 섞는다.

2 훈제오리의 겉면에 소스를 골고루 바른다.

3 에어프라이어(또는 예열한 오븐)에 넣고 170℃에서 10~15분간 겉이 바삭바삭해지고 소스가 골고루 스며들 때까지 익힌다. 이때, 2분마다 소스를 얇게 펴 바르면서 굽는다.

익히는 중간중간 소스를 덧바르면 바삭한 식감이 살아난다.

4 식힌 후 먹기 직전에 한입 크기로 썬다.

PLATING

5 나무 도마에 깻잎을 올린 후 훈제오리를 정갈하게 올린다.

6 식용꽃, 허브, 모양낸 파로 장식한다.

7 허니머스터드는 끝이 뾰족한 소스통(123쪽)에 담아 플레이팅한다.

TIPS

밀전병이나 포두부와 함께 먹어도 좋다.

밀전병
밀가루와 물을 동량으로 섞은 후 체에 걸러 약한 불에서 구우면 된다.

포두부
시판 포두부를 김이 오른 찜기에 넣고 5분간 익힌 후 곁들인다.

재료가 간단하고, 조리 과정이 쉬워 미리 준비만 해두면 10분 안에 만들 수 있는 요리입니다. 고소한 새우와 알싸한 마늘 소스의 조화가 훌륭하답니다. 동그랗게 꼬아 입체감 있게 만든 새우를 큰 그릇에 둘러 담는 흔한 방법 대신 작은 그릇에 한 개씩 담아보았습니다. 하나씩 들고 먹기 좋아서 스탠딩파티나 케이터링에도 잘 어울립니다.

Steamed Shrimp with Garlic Sauce

한입 새우찜과 마늘 소스

INGREDIENT

- □ 생새우살 10마리(꼬리가 있는 것)
- □ 소금 약간
- □ 후춧가루 약간
- □ 녹두 실당면 1덩이
- □ 다진 파 2큰술
- □ 다진 고추 2큰술(청고추, 홍고추)
- □ 모양낸 파(18쪽)
- □ 통깨

마늘 소스

- □ 다진 마늘 1/2컵
- □ 올리브유 1/4컵(100㎖)
- □ 설탕 1큰술
- □ 양조간장 1큰술
- □ 굴소스 1작은술
- □ 피시소스 1작은술

1 2 3 4
5 6 7 8

COOKING

1 당면은 물에 담가 30분간 불린다.

2 새우는 등쪽 가운데 부분에 길게, 배쪽에 작은 칼집을 넣는다.

3 배쪽 칼집 사이에 새우 꼬리를 넣어 동그란 모양으로 만든다.

4 달군 팬에 올리브유를 두른 후 다진 마늘을 볶는다.

5 설탕, 양조간장, 굴소스, 피시소스를 넣고 한번 더 볶은 후 한김 식혀 마늘 소스를 만든다.

6 작은 그릇에 당면, 새우를 한 마리씩 올린다.

7 소금, 후춧가루를 뿌리고 마늘 소스를 조금씩 올린다. 이때, 마늘 소스를 약간 남겨둔다.

8 김이 오른 찜기에 새우를 넣고 8~10분간 완전히 익힌다.

PLATING

9 평평하고 큰 그릇에 새우가 담긴 작은 그릇들을 보기 좋게 올린다.

10 남은 마늘 소스를 조금씩 더 부어준다.

11 다진 파, 다진 고추, 모양낸 파, 통깨로 장식한다.

TIPS

마늘 소스는 넉넉히 만들어 곁들여도 좋다.

한입에 먹기 좋은 요리, 바이트(Bite). 고소하고 바삭한 누룽지를 만들어서 활용해보았습니다. 누룽지에 불향을 낸 오징어, 짭조름한 참치 마요를 올려 다채로운 맛을 느낄 수 있도록 했답니다. 오징어에 칼집을 낸 후 토치로 그을려주면 풍부한 향을 더해주면서 오징어의 칼집무늬도 선명하게 해주어 시각적인 만족도를 높일 수 있습니다.

Seafood Nurungji Bite

해산물 누룽지 바이트

INGREDIENT

- □ 밥 2컵
- □ 오징어 몸통 1마리(손질한 것)
- □ 적양배추피클 약간 (또는 다른 피클)
- □ 깻잎 약간
- □ 식용꽃(36쪽)
- □ 허브(30쪽)
- □ 당근 잎(35쪽, 또는 다른 허브)

밥 양념

- □ 참기름 1큰술
- □ 맛소금 1작은술(또는 소금)

참치 마요

- □ 통조림 참치 1캔(150g)
- □ 마요네즈 3큰술
- □ 다진 양파 2큰술
- □ 와사비 1작은술

Selector
Off
Grill•Panini
Grill-Panini
High
Sear

Selector
Off
Grill•Panini
Grill-Panini
Sear

1 2 5 6

3 4

COOKING & PLATING

1 볼에 밥, 밥 양념 재료를 넣고 섞는다.

2 달군 팬에 밥을 1큰술씩 올린 후 납작하게 만들어 뒤집어가며 구워 누룽지를 만든다.

3 오징어의 몸통 안쪽에 촘촘하게 칼집을 낸다.

4 끓는 물에 넣고 데친 후 찬물에 식힌다.

5 토치를 이용해 노릇한 색깔, 선명한 무늬, 불향이 나도록 그을린 후에 한입 크기로 썬다.

6 볼에 기름을 뺀 통조림 참치, 마요네즈, 다진 양파, 와사비를 넣고 섞어 참치 마요를 만든다.

7 구워둔 누룽지에 깻잎을 올린 후 참치 마요, 적양배추피클, 오징어를 올린다.

8 식용꽃, 허브, 당근 잎으로 장식한다.

TIPS

- 누룽지는 샌드위치 메이커나 와플 메이커로 만들어도 좋다.
- 오징어 외에 다양한 재료를 누룽지에 올려 카나페로 즐겨도 좋다.
- 생물 오징어는 조금 얼리면 칼집넣기가 한결 수월하다.
- 누룽지에 깻잎을 올린 후 재료를 올리면 누룽지가 눅눅해지는 것을 막을 수 있다.

파스타 면 중에서 굵기가 가는 면인 카펠리니. 얇기 때문에 차갑게 즐기는 냉파스타에 잘 어울리고, 두꺼운 면에 비해 그릇에 모양내어 담기도 수월한 편입니다. 카펠리니에 메인 재료인 랍스터를 통째로 올리면 멋스럽고 시선을 사로잡는 파스타가 완성되며 레스토랑에서 먹는 고급 요리처럼 느껴집니다. 어려운 플레이팅 없이 랍스터 손질만 잘하면 완성되는데요, 집에서 랍스터 손질을 쉽게 할 수 있는 방법을 알려드리겠습니다.

Lobster Crown Pasta
랍스터 크라운 파스타

INGREDIENT

☐ 카펠리니면 2인분
☐ 랍스터 1개(껍질 있는 것)
☐ 잎사귀 튀일(88쪽)
☐ 식용꽃(36쪽)
☐ 허브(30쪽)

마늘 소스(대용량, 일부만 활용)

☐ 다진 마늘 2컵
☐ 올리브유 1컵(200㎖)
☐ 설탕 1큰술
☐ 쯔유 2큰술
☐ 치킨파우더 1작은술
☐ 굴소스 1작은술
☐ 소금 약간
☐ 후춧가루 약간

버터 소스

☐ 버터 1/2컵
☐ 레몬즙 2큰술
☐ 소금 약간
☐ 통후추 간 것 약간

COOKING & PLATING

1 랍스터의 머리쪽 껍데기에 가위를 넣고 꼬리까지 쭉 자른다.

2 작은 숟가락을 사용해서 살과 껍데기를 분리한다.

3 껍데기를 조심스럽게 벌려 껍데기와 살을 떼어낸다.
이때, 꼬리쪽 살은 껍데기에 붙어있게 남겨둔다.

4 떼어낸 살을 껍데기 위에 조심스럽게 올린다.

5 볼에 버터를 넣고 녹인 후 레몬즙, 소금, 통후추 간 것을 넣고
섞어 버터 소스를 만든다.

6 랍스터 살에 버터 소스를 바른 후 에어프라이어(또는 예열한 오븐)에
껍데기와 살 그대로 넣고 180℃에서 10분간 익힌다.

중간중간 과하게 익지 않았는지 확인한다.

7 달군 팬에 마늘 소스 재료를 넣고 약한 불에서
마늘이 노릇해질 때까지 볶는다.

8 카펠리니는 제품 포장지에 적힌 설명대로 삶은 후
마늘 소스 3큰술과 버무린다.

9 그릇에 카펠리니를 담고 랍스터를 올린다.

파스타 예쁘게 담기 114쪽 참고

10 잎사귀 튀일, 식용꽃, 허브로 장식한다.

TIPS

- 마늘 소스는 많은 양을 만들어야 맛있으므로 넉넉한 분량으로 소개했다. 냉장실에서 일주일간 보관 가능하다.
- 마늘 소스 3큰술은 랍스터 크라운 파스타에 활용하고, 남은 마늘 소스는 샐러드 드레싱이나 빵을 찍어 먹는 용도로 활용해도 좋다.
- 랍스터를 구울 때 생긴 육즙는 마늘 소스와 카펠리니를 버무릴 때 함께 더해주면 맛있다.

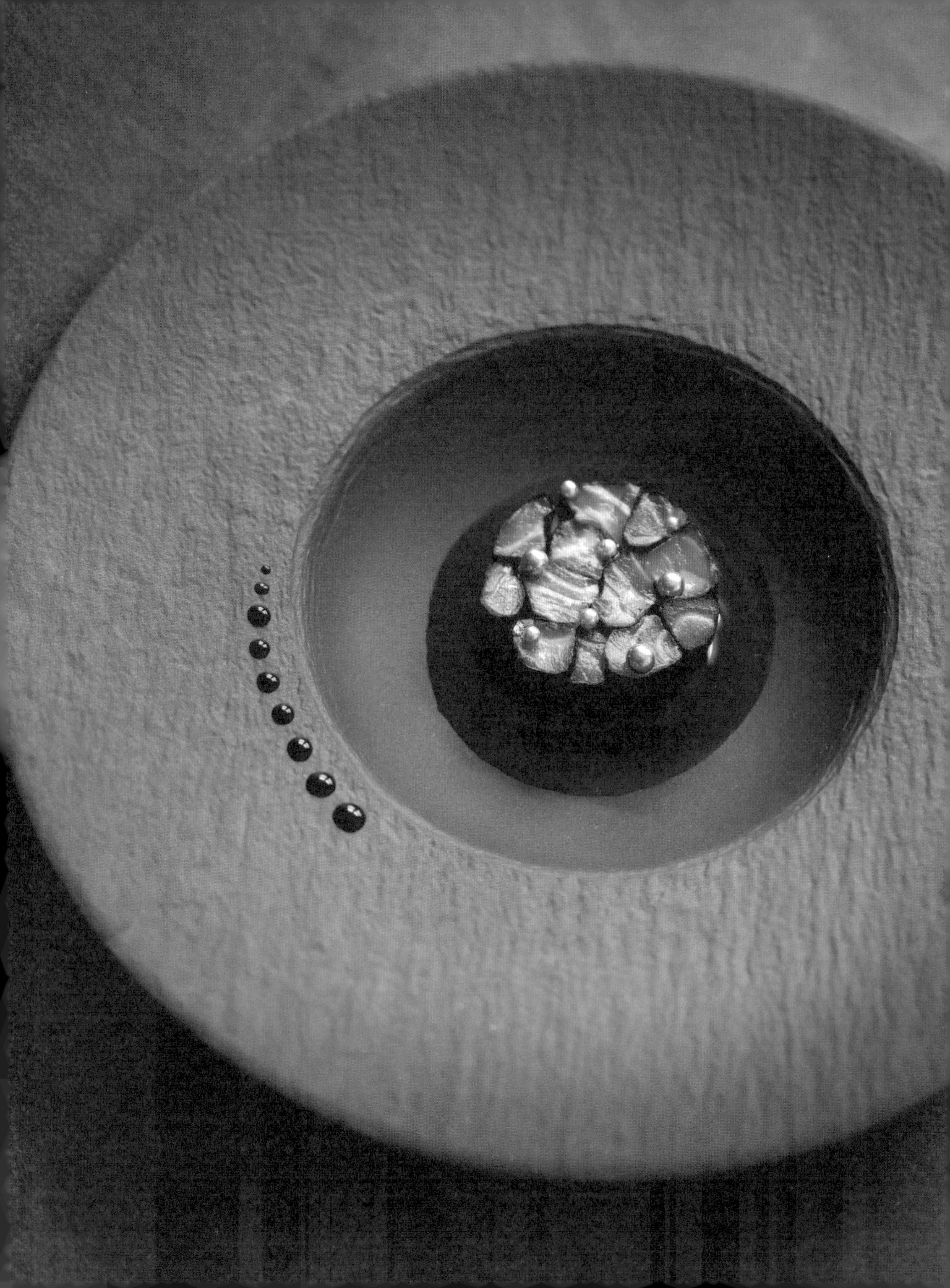

파인다이닝에서 즐기던 그 모습처럼, 연어회를 롤로 만들어보세요. 연어와 김을 함께 먹을 수 있어서 맛은 물론이고 충분한 매력이 있어 특별한 손님이 오셨을 때 준비하기 좋습니다. 소스는 전분물의 양으로 농도를 조절할 수 있는데요, 묽게 만들어 연어롤이 조금 담기게 그릇에 담아도 좋고, 되직하게 만들어 그릇에 소스 모양을 내는 것도 방법입니다.

Salmon Roll
연어롤

INGREDIENT

- ☐ 신선한 횟감용 연어 300g
- ☐ 김밥용 김 2장
- ☐ 스프링클

소스

- ☐ 설탕 1컵
- ☐ 양조간장 1컵(200㎖)
- ☐ 전분물 1큰술(감자전분 + 물)
- ☐ 와사비 약간

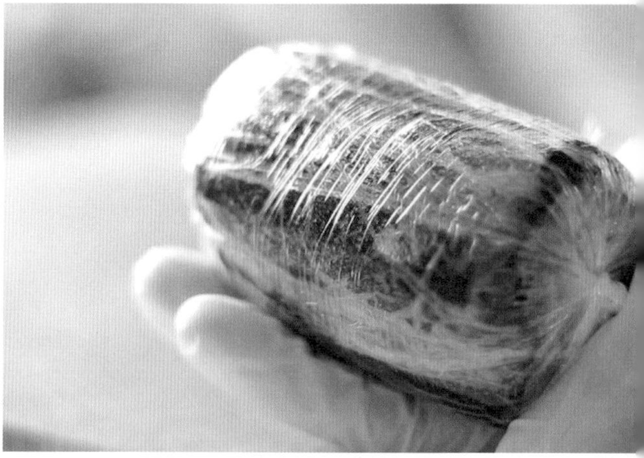

COOKING

1 연어회는 성인 손가락 크기로 썬다.

2 김밥용 김은 연어를 감쌀 크기가 되도록
연어회 조각 개수에 맞춰 자른다.

3 자른 연어를 김에 올린 후 돌돌 만다.

4 랩에 연어를 감싼 김을 쌓아 올린 후
김밥처럼 말아 고정시킨다.

냉장실에 잠시 넣어둬도 좋다.

5 랩을 씌운 상태에서 김밥처럼 썬 후
그릇에 담고 랩을 벗긴다.

6 팬에 설탕, 양조간장을 넣고 중간 불에서
졸이듯이 끓인 후 전분물을 넣고 걸쭉하게 만든다.
와사비를 섞는다.

7 한김 식힌 후 끝이 뾰족한 소스통(123쪽)에 담고
⑤의 그릇에 장식한다.

8 스프링클로 장식한다.

TIPS

- 연어회를 다양한 두께로 썰면
롤을 말아서 썰었을 때 단면이 더 예쁜 모양이 된다.
- 스프링클은 디저트에 주로 사용하는 제품이다.
- 연어의 신선도 유지를 위해
만든 후 최대한 빠른 시간 내에 먹는 것이 좋다.
- 소스에 들어가는 전분물의 양에 따라 농도를 조절,
다양하게 플레이팅할 수 있다.

되직한 소스
전분물을 넣고 끓여 농도를 낸다.
소스통에 담아 모양을 낼 수 있다.

묽은 소스
전분물 없이 만들어 롤이 조금 적셔지게
그릇에 부어서 연출한다.

밥 대신 광어회를 더한, 탄수화물 없이 단백질로만 꽉 채운 완벽한 다이어트 요리입니다. 광어를 밥 대신 사용하고 다양한 채소를 채워 쫄깃하고 아삭한 식감을 동시에 느낄 수 있습니다. 애피타이저로 입맛을 돋우기에 좋고, 다양한 색이 보기에도 예뻐서 손님 초대 요리로도 완벽하답니다.

Sashimi Rolls
광어김밥

INGREDIENT

- ☐ 신선한 광어회 1컵(200g, 또는 다른 흰살 생선회)

속재료(취향에 따라 선택)

- ☐ 얇게 채 썬 당근
- ☐ 초생강
- ☐ 부추
- ☐ 얇게 썬 단무지
- ☐ 시판 그린빈피클

COOKING & PLATING

1 유산지를 펼친 후 광어회 여러 조각을 펼쳐 올린다.
2 다른 유산지로 덮은 후 숟가락 뒷면이나 밀대를 이용해 김밥용 김 크기 정도로 납작하게 만든다.
3 납작해진 광어회를 김밥용 김에 올린다.
4 속재료를 올린 후 돌돌 만다.
5 김발로 돌돌 말아 10분간 그대로 둔 후 한입 크기로 썬다.

TIPS

- 무지개 키토김밥(248쪽)과 함께 담으면 더욱 건강하고 푸짐하게 즐길 수 있다.
- 엔다이브나 부추와 같은 채소로 장식해도 좋다.
- 회의 신선도 유지를 위해 만든 후 최대한 빠른 시간 내에 먹는 것이 좋다.

탄수화물을 제한하고 건강한 지방 위주로 섭취하는 식사를 키토식이라고 합니다. 한때 이 키토식으로 만든 김밥이 유행했었는데요, 건강을 위한 키토김밥이지만 멋까지 더하면 한층 더 식사가 즐거워집니다. 무지개 키토김밥이라고 메뉴명을 정한 것처럼 다양한 색의 채소를 더하는 게 핵심인데요, 추천하는 재료로는 삼색 파프리카, 적양배추, 적양파, 깻잎, 오크라 등이지만 냉장고 속에 있는 어떤 채소도 좋답니다.

Rainbow Kimbap

무지개 키토김밥

INGREDIENT

- □ 김밥용 김 2장
- □ 프로볼로네치즈 4장(또는 모짜렐라 슬라이스치즈)
- □ 당근 잎(35쪽, 또는 다른 허브)
- □ 스프링클

속재료(취향에 따라 선택)

- □ 얇게 채 썬 삼색 파프리카
- □ 얇게 채 썬 적양배추
- □ 오크라
- □ 깻잎

소스

- □ 쌈장 1큰술
- □ 마요네즈 1큰술
- □ 꿀 1큰술

COOKING & PLATING

1 김은 2등분한다.
2 김을 길게 둔 후 프로볼로네치즈를 올린다.
3 속재료를 올린 후 단단하게 만다.
4 김의 끝부분에 물을 묻혀 고정시킨다.
5 먹기 좋은 크기로 썬 후 소스와 함께 담는다.
6 당근 잎, 스프링클로 장식한다.

TIPS

- 속재료는 다양한 색의 채소를 사용하는 것이 좋다.
- 치즈는 부드럽고 탄력이 있어서 모양을 예쁘게 만들 수 있는 프로볼로네치즈를 추천한다. 쫄깃한 식감 덕분에 아삭한 재료와도 잘 어울린다.
- 스프링클은 디저트에 주로 사용하는 제품이다.

맵거나 양념이 강한 요리와 함께 먹기 좋은, 순수하게 밥만 들어간 꽃잎 모양의 김밥입니다. 간단하지만 그에 반해 비주얼은 아름다워서 정말 추천합니다. 특히 매운 요리를 먹을 때 꼭 곁들여보세요. 간만 조금 더한 밥이 매운맛을 순화시키고, 쓰라린 속도 달래준답니다.

Flower Kimbap Platter

꽃잎김밥

INGREDIENT

- ☐ 김밥용 김 2장
- ☐ 따뜻한 밥 4컵
- ☐ 통깨
- ☐ 모양낸 파(18쪽)
- ☐ 식용꽃(36쪽)
- ☐ 허브(30쪽)

밥 양념

- ☐ 참기름 1큰술
- ☐ 맛소금 1작은술(또는 소금)

곁들이는 매운 요리(취향에 따라 선택)

- ☐ 김치찜
- ☐ 닭갈비
- ☐ 매운 찜닭
- ☐ 오징어볶음
- ☐ 매운 소고기볶음

COOKING

1 볼에 따뜻한 밥, 밥 양념 재료를 넣고 섞는다.
2 랩 또는 김발을 이용해 밥을 긴 타원형으로 만든다.
3 김밥용 김 위에 밥을 올린 후 돌돌 만다.
4 랩으로 한번 더 말아준 후 힘을 줘 물방울 모양을 만든다.

PLATING

5 김밥을 썬 후 랩을 떼어낸다.
6 손으로 다시 한번 물방울 모양을 만든다.
7 그릇의 가운데에 밥그릇을 올리고 물방울 김밥을 둘러 담는다.
8 밥그릇을 제거한 후 통깨, 모양낸 파로 장식한다.
9 가운데에 함께 먹을 매운 요리를 담은 그릇을 올린 후
식용꽃, 허브로 장식한다.

TIPS

- 꽃잎의 뾰족한 부분이 옆으로 향하도록 놓고 썰면 모양이 망가지지 않는다.
- 너무 두껍게 썰지 않도록 한다.
- 빵칼에 참기름을 바르면 더 쉽고, 예쁘게 썰 수 있다.
- 와인 소금(100쪽)을 밥에 뿌려도 좋다. 이때 밥 양념 재료 중 맛소금은 생략한다.

삼각김밥용 김에 밥을 올린 후 집에 있는 다양한 재료들로 토핑을 더해보세요. 토핑의 맛, 색 궁합만 잘 고려하면 재료들이 가진 컬러풀함 덕분에 특별한 플레이팅 노하우도 필요 없을 정도입니다. 그대로 타코스탠드에 올려두기만 해도 홈파티나 손님 초대 요리로 참 좋은 한식 메뉴가 된답니다. 비닐이 씌워진 삼각김밥용 김은 밥이나 재료를 올려도 눅눅해지지 않아서 특히 추천하는 재료입니다.

Open kimbap with topping

토핑 오픈김밥

INGREDIENT

- □ 삼각김밥용 김 3장
- □ 따뜻한 밥 3컵

밥 양념

- □ 통깨 2큰술
- □ 참기름 2큰술

토핑(취향에 따라 선택)

- □ 오징어젓갈과 아보카도
- □ 훈제연어와 아보카도
- □ 아보카도와 초생강
- □ 당근라페
- □ 새우튀김과 샐러드

장식(취향에 따라 선택)

- □ 식용꽃(36쪽)
- □ 허브(30쪽)
- □ 모양낸 파(18쪽)

COOKING & PLATING

1 볼에 따뜻한 밥, 밥 양념 재료를 넣고 섞는다.

2 밥을 타원형 모양으로 만든다.

3 삼각김밥용 김은 2등분한다.

삼각김밥용 김의 비닐에 있는 빨간색 절취선을 미리 제거하면 먹을 때 비닐을 벗기기 쉽다.

4 삼각김밥용 김 위에 밥을 올린다.

5 타코스탠드에 하나씩 올린다.

6 그 위에 다양한 토핑, 장식 재료를 올린다.

색이 진하거나 자극적인 토핑이라면 밥과 토핑 사이에 샐러드채소를 올린다. 훨씬 더 화사해보이고, 자극적인 맛을 샐러드채소가 중화시킨다.

TIPS

- 다양한 반찬을 토핑으로 사용하는 것을 추천한다.
- 타코스탠드 대신 사각 통에 담아 선물해도 좋다.
  토핑 오픈김밥이 기울지 않도록 서로 기대어가며 통에 담는다.
- 먹을 때는 비닐을 한쪽씩 잡아당겨
  밥과 내용물이 떨어지지 않게 조심한다.

라이스페이퍼에 각종 재료를 듬뿍 넣어 돌돌 만 건강한 맛의 월남쌈. 생각보다 요리를 예쁘게도, 플레이팅을 근사하게 하기도 힘든데요, 식용꽃을 더해보세요. 투명한 라이스페이퍼 사이로 보이는 꽃이 마치 한 폭의 동양화를 보는 듯한 아름다움을 느끼게 해줍니다. 월남쌈은 그대로 담아도 예쁘지만 어슷하게 썰어서 세우듯이 그릇에 올리면 입체감이 살아나게 됩니다.

Blossom Spring Rolls

꽃피는 월남쌈

INGREDIENT

- ☐ 라이스페이퍼 4장
- ☐ 달걀지단 4개
- ☐ 식용꽃(36쪽)
- ☐ 허브(30쪽)
- ☐ 원형 쿠키 커터(60쪽)

속재료(취향에 따라 선택)

- ☐ 샐러드채소(상추, 깻잎 등)
- ☐ 채 썬 당근, 오이, 파프리카 등 다양한 채소
- ☐ 익혀 한입 크기로 썬 새우
- ☐ 익혀 한입 크기로 썬 닭

디핑 소스

- ☐ 땅콩버터 1/2컵
- ☐ 생수 2큰술
- ☐ 양조간장 2큰술
- ☐ 레몬주스 1큰술
- ☐ 소금 1작은술

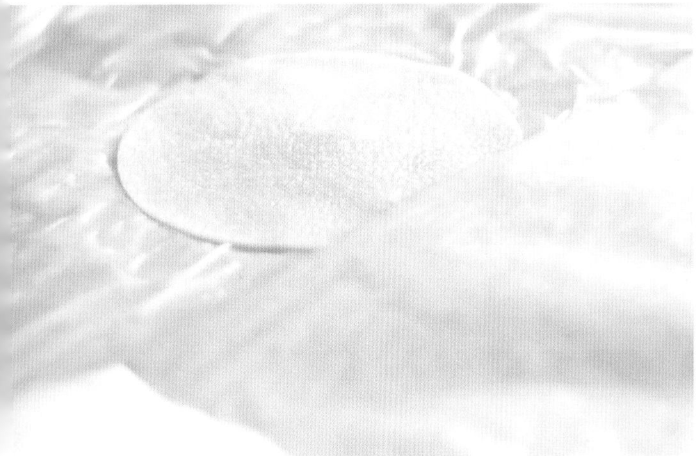

1 2 3 4

5 6 7 8

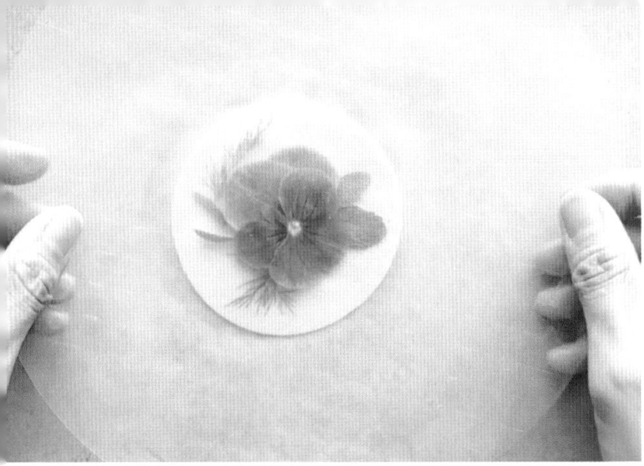

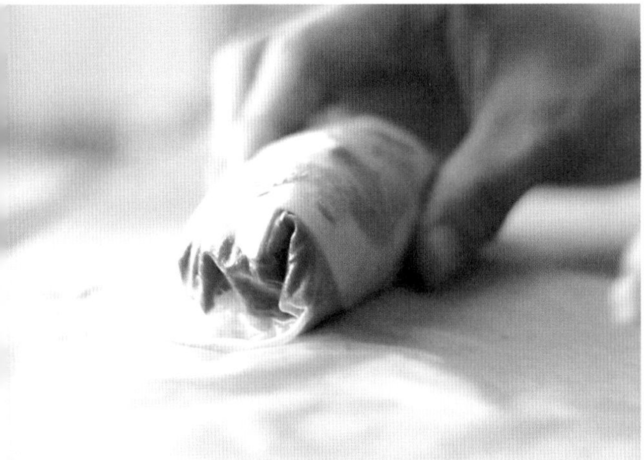
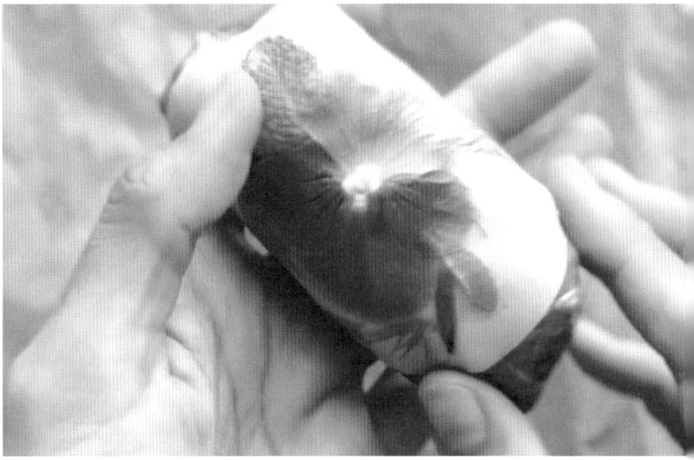

COOKING & PLATING

1 원형 쿠키 커터를 이용해 달걀지단을 동그랗게 만든다.

2 유산지에 달걀지단을 올리고 그 위를 식용꽃과 허브로 꾸민다.

3 라이스페이퍼를 물에 묻혀 부드럽게 만든 다음 ②의 위에 올린다.

4 다른 유산지로 덮은 후 뒤집어 윗면의 유산지를 떼어낸다.

유산지에서 라이스페이퍼가 잘 떨어지지 않을 때는
유산지에 물을 묻히면 쉽게 뗄 수 있다.

5 속재료를 취향에 따라 올린다.

6 라이스페이퍼를 아래에서 위로 유산지를 떼어가며
중간 지점까지 말아준다. 양옆을 접은 후 끝까지 단단하게 만다.

7 손바닥에 올려 모양을 한번 더 정리한다.

TIPS

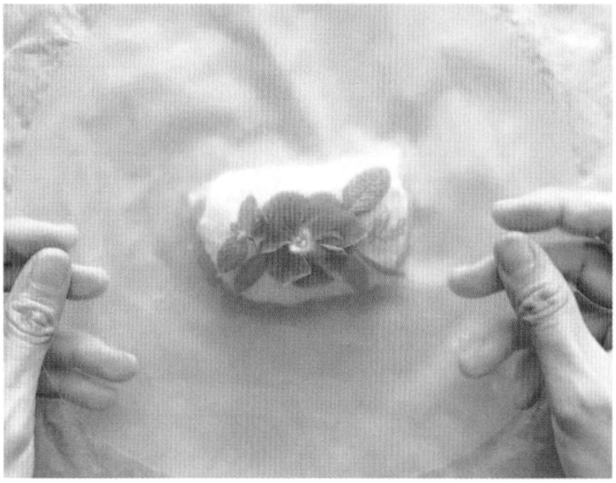

- 식용꽃과 허브를 완성된 월남쌈에 따로 올린 다음 다시 한번 라이스페이퍼로 마는 방법도 있다. 이때는 얇은 extra thin 라이스페이퍼를 사용하는 것이 좋다.
- 달걀지단 대신 슬라이스치즈를 사용해도 좋다.

아이들의 최애 반찬, 달걀말이입니다. 채소와 치즈가 든든하게 들어간 달걀말이를 만든 후 다양한 토핑을 올려보세요. 담백하고 부드러운 달걀은 웬만한 토핑과 두루두루 다 잘 어울립니다. 제철 재료나 취향에 맞는 토핑 등 어떤 것이든 좋습니다. 토핑을 올린 달걀말이는 도시락으로도 좋고, 홈파티 메뉴나 손님 초대 요리로도 추천합니다.

Omelette with Topping

토핑 달걀말이

INGREDIENT

- □ 달걀 4개
- □ 우유 1/2컵(100㎖)
- □ 소금 1/2작은술
- □ 식용유 1큰술
- □ 멕시칸치즈 1/2컵
- □ 프로볼로네치즈 2장(또는 모짜렐라 슬라이스치즈)
- □ 설탕 약간
- □ 식용꽃(36쪽)
- □ 허브(30쪽)

속재료(취향에 따라 선택)

- □ 얇게 채 썬 삼색 파프리카
- □ 얇게 채 썬 피망
- □ 적양배추피클
- □ 우엉조림

토핑(취향에 따라 선택)

- □ 래디시
- □ 오이
- □ 아보카도
- □ 스팸

COOKING & PLATING

토핑 준비하기

1 래디시는 슬라이서(또는 칼)로 얇게,
오이는 필러로 길고 얇게 썬다.

2 아보카도는 모양을 낸 후 얇게 썬다.

쏨땀 채칼로 아보카도 모양내기 72쪽 참고

3 스팸은 얇게 썬 후 양쪽을 젓가락으로 고정시킨 다음
촘촘하게 칼집을 낸다. 뒤집어서 같은 방법으로 칼집을 낸다.

4 달군 팬에 식용유를 두르고 스팸을 넣어 앞뒤로 노릇하게 굽는다.

달걀말이 만들기

5 볼에 달걀, 우유, 소금을 넣고 풀어준다.

6 달군 팬에 식용유를 얇게 펴 바른 후 ⑤를 펼쳐 붓고
멕시칸치즈를 올린다.

7 뚜껑을 덮고 중약 불에서 멕시칸치즈가 녹고,
가장자리가 익을 때까지 익힌다.

8 김발 위에 올린 후 속재료를 넣고 단단하게 만다.

9 랩으로 감싸 단단하게 만 후 10분간 고정시킨다.

10 랩을 벗긴 후 프로볼로네치즈를 올리고 토치로 녹인다.

11 달걀말이를 도톰하게 썬 후 토핑 재료를 올린다.

12 식용꽃, 허브로 장식한다.

TIPS

- 달걀말이 겉면이 고르지 않다면 치즈를 올린 후
전자레인지로 치즈를 녹인다. 치즈가 녹으면서
겉면이 매끈해지고, 토핑을 안정적으로 올릴 수 있다.
- 멕시칸치즈는 멕시칸 요리에 많이 쓰이는
잘게 썬(슈레드한) 치즈로 코스트코나 온라인에서
'멕시칸 스타일 치즈'라는 제품으로 구입 가능하다.

주먹밥의 핵심은 밥. 다양한 색깔을 밥에 입히면 단조로운 주먹밥이 화사하게 변신할 수 있답니다. 밥에 갖가지 색의 식용색소를 한두 방울씩 넣고 가볍게 섞기만 하면 완성! 아이들 생일파티나 홈파티에 준비하면 분위기를 한층 더 올려주고, 아이들과 어른 모두에게 인기가 있는 요리가 됩니다.

Rainbow-colored Rice Ball

무지개 주먹밥

INGREDIENT

- □ 따뜻한 밥 2컵
- □ 다양한 색깔의 식용색소(48쪽)
- □ 참기름 약간
- □ 소금 약간
- □ 모양낸 파(18쪽)
- □ 식용꽃(36쪽)
- □ 허브(30쪽)

COOKING & PLATING

1 볼에 따뜻한 밥, 참기름, 소금을 넣고 잘 섞은 후 그릇에 펼쳐 담는다.
2 다양한 색깔의 식용색소를 밥에 한 방울씩 올려준다.
3 손가락을 세워 식용색소가 있는 쪽의 밥을 조금씩 섞는다.
살살 섞어야 밥알이 눌리지 않고 색이 잘 스며든다.
4 동그란 모양으로 만든다.
5 그릇에 둘러 담고 모양낸 파, 식용꽃, 허브로 장식한다.

TIPS

- 식용색소는 적은 양으로도 색이 다르게 바뀔 수 있으므로
  한 방울씩 더하면서 원하는 색으로 만든다.
- 식욕을 억제하는 차가운 색(하늘, 파랑)은
  따뜻한 색(빨강, 주황, 노랑, 연두, 분홍)보다 적게 사용하는 것이 좋다.

누구나 좋아하는 참치 마요를 밥과 함께 쌈무 속에 넣은 쌈무 참치쌈밥입니다. 고소하고 부드러운 참치 마요의 맛과 아삭한 쌈무의 식감도 잘 어울립니다. 쌈무는 물기를 꼭 짜서 사용하면 모양을 잡기가 쉬워지는데요, 속에 밥과 재료를 넣은 후 힘주어 고정시키면 보자기 모양처럼 만들 수 있답니다.

Pickled Radish Wrapped Rice Ball

쌈무 참치쌈밥

INGREDIENT

- ☐ 쌈무 6장
- ☐ 따뜻한 밥 2컵
- ☐ 참기름 2큰술
- ☐ 깨(통깨, 검은깨)
- ☐ 허브(30쪽)
- ☐ 썬 부추
- ☐ 날치알

참치 마요

- ☐ 통조림 참치 1캔(150g)
- ☐ 다진 청양고추 1큰술
- ☐ 다진 파 1큰술
- ☐ 마요네즈 3큰술
- ☐ 쌈장 1작은술
- ☐ 소금 약간
- ☐ 후춧가루 약간

COOKING & PLATING

1 볼에 따뜻한 밥, 참기름, 통깨를 넣고 섞는다.
2 다른 볼에 참치 마요 재료를 넣고 섞는다.
3 쌈무는 물기를 꼭 짠다.
4 쌈무를 펼친 후 밥, 참치 마요를 적당량 올린다.
5 쌈무를 가운데로 모아 보자기 모양을 만든다.
6 감싸 오므린 부분에 힘을 줘 고정시킨다.
7 깨, 허브, 썬 부추, 날치알로 장식한다.

TIPS

- 다양한 색깔의 쌈무를 이용하면 더 다채로운 쌈밥을 만들 수 있다.
- 쌈무의 물기를 완전히 없애야 모양이 잘 잡히고 유지된다.

투명한 모습이 마치 진주처럼 생겼다고 해서 불리는 이름, 진주완자입니다. 불린 찹쌀을 고기 반죽 겉면에 묻혀 찌면 되는데요, 찐 찹쌀 덕분에 투명하면서 반짝반짝하고, 촉촉한 식감까지 맛볼 수 있습니다. 하나씩 집어 먹기 좋은 가벼운 요리지만 밥과 고기가 들어가 있어 몇 개만 먹어도 든든해집니다. 쫀득한 식감과 담백한 고기의 어울림을 꼭 맛보세요.

Pearl Ball Bite

진주완자

INGREDIENT

- □ 찹쌀 2컵(불리기 전)
- □ 다진 소고기 1컵
- □ 다진 돼지고기 1컵
- □ 다진 양파 1/2컵
- □ 다진 파 1/2컵
- □ 달걀 1개
- □ 설탕 2큰술
- □ 양조간장 2큰술
- □ 다진 마늘 2큰술
- □ 다진 생강 1작은술
- □ 소금 1작은술
- □ 후춧가루 1/2작은술
- □ 식용유 약간
- □ 식용꽃(36쪽)
- □ 허브(30쪽)

COOKING

1 찹쌀은 씻은 후 물에 담가 최소 12시간 정도 냉장실에서 불린다.
찹쌀을 충분히 불리지 않으면 익히는데 시간이 오래 걸린다.
2 불린 찹쌀은 체에 밭쳐 물기를 뺀다.
3 볼에 다진 소고기, 다진 돼지고기, 다진 양파, 다진 파를 넣고 섞는다.
4 달걀, 설탕, 양조간장, 다진 마늘, 다진 생강, 소금, 후춧가루를 넣고 한쪽 방향으로 섞어 물기가 없고 끈적한 반죽이 되도록 만든다.
5 식용유를 넣고 좀 더 치대 찰기가 있는 반죽을 만든다.
6 반죽을 한입 크기로 떼어낸 후 동그란 모양으로 만든다.
7 불린 찹쌀에 넣고 굴려가며 겉면에 입힌 후 떨어지지 않도록 힘주어 뭉친다.
8 김이 오른 찜기에 넣고 10~15분간 찹쌀이 투명해질 때까지 익힌다.

PLATING

9 진주완자를 작은 그릇에 하나씩 담는다.
10 평평하고 큰 그릇에 작은 그릇을 보기 좋게 올린다.
11 식용꽃, 허브로 장식한다.

TIPS

작은 그릇이 없다면 깻잎, 작은 배추잎, 엔다이브 등에 담아도 좋다.

데친 배추에 밥을 올려 돌돌 마는 방식이 대부분인 배추쌈밥. 그 모양도 물론 예쁘지만 식상하기도 합니다. 배추쌈밥을 조금 특별하게 담는, 주먹밥 스타일을 소개합니다. 밥을 먼저 담은 후 그 위에 배추로 덮듯이 감싸는 겁니다. 배춧잎 사이의 빈 공간에는 초록색의 청경채를 끼워 색감도, 모양도 더 화려하게 만들었습니다. 가운데에는 식용꽃을 올려도 좋고, 함께 먹으면 좋은 고기나 쌈장을 올려도 됩니다.

Napa Cabbage Wrapped Rice Roll with Bok Choy

베지가든 주먹밥

INGREDIENT

- ☐ 작은 알배기배추 1개(겉잎 없는 것)
- ☐ 청경채 2개
- ☐ 따뜻한 밥 2컵
- ☐ 식용꽃(36쪽)
- ☐ 허브(30쪽)

밥 양념

- ☐ 참기름 약간
- ☐ 맛소금 약간(또는 소금)

1 2 3 4
5 6 7 8

COOKING

1 볼에 따뜻한 밥, 밥 양념 재료를 넣고 섞는다.
2 밥을 타원형 모양으로 여러 개 만든 후 그릇에 둘러 담는다.
3 알배기배추는 속의 작은 잎만 떼어둔다.
4 청경채는 밑동을 잘라낸 후 잎을 1장씩 떼어낸다.
5 끓는 물에 알배기배추, 청경채를 넣고 줄기 부분이 휘어질 정도까지 데친 후 찬물에 헹군다.
6 물기를 꼭 짠 후 잎을 펼친다.

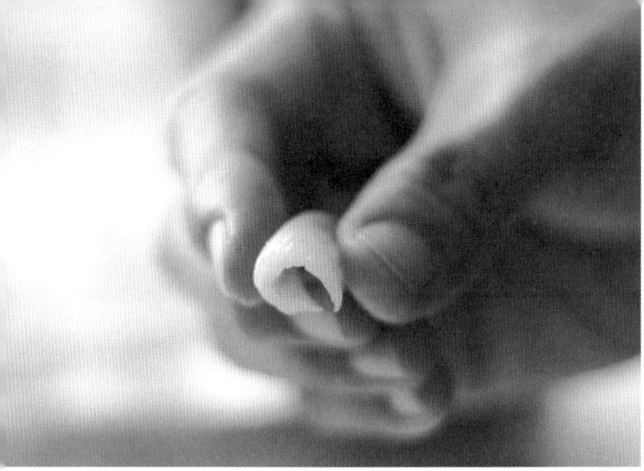

PLATING

7 밥에 알배기배추 줄기 부분이 밥을 덮을 수 있도록 올리고, 잎 부분은 가운데 안쪽으로 말아 넣는다.

8 배추 사이에 청경채를 배추와 같은 방법으로 끼워 넣는다. 가운데에 모인 청경채 잎은 가위로 잘라낸다.

9 가운데를 식용꽃, 허브로 장식해 청경채 잎 부분을 가려준다.

TIPS

- 배추는 작은 잎을, 청경채는 조금 큰 잎을 준비한다.
- 가운데에 함께 먹을 고기나 쌈장을 올려도 좋다.

명란 사과라는 메뉴명 때문에 명란과 사과를 함께 먹는 건가 생각하게 되지만, 아닙니다. 명란을 탐스러운 사과 모양으로 만들어 플레이팅해서 붙여본 메뉴명입니다. 여기에 아보카도, 달걀노른자를 따뜻한 밥에 함께 올려 먹으면 맛의 조화도 특별해진답니다. 평범한 재료의 특별한 변신을 만나보세요.

Avocado Donburi with Mentaiko Apple

명란 사과 아보카도덮밥

INGREDIENT

- ☐ 명란 1/2컵(껍질 제거한 것)
- ☐ 따뜻한 밥 2컵
- ☐ 아보카도 1개
- ☐ 달걀노른자 1개(생략 가능)
- ☐ 쯔유 2큰술
- ☐ 참기름 2큰술
- ☐ 깨(통깨, 검은깨)
- ☐ 식용꽃(36쪽)
- ☐ 허브(30쪽)

COOKING

1 명란은 동그랗게 만든다.

명란이 잘 뭉쳐지지 않으면 손에 참기름을 바른다.

2 가운데를 손가락으로 꾹 눌러 사과 모양으로 만든 후 가운데에 모양낸 파를 꽂는다.

3 아보카도 과육은 얇게 썬 후 2등분한다.

PLATING

4 밥그릇에 밥을 담은 후 그릇 가운데에 뒤집어 올린 다음 볼에서 밥을 분리한다.

밥 예쁘게 담기 104쪽 참고

5 아보카도 1/2개는 밥 위에 동그랗게 올리고, 나머지 1/2개는 밥 옆에 펼쳐 올린다.

6 명란, 달걀노른자를 올린다.

7 쯔유를 부은 후 참기름을 더한다.

8 깨, 식용꽃, 허브로 장식한다.

TIPS

- 명란에 비트가루를 더하면 색도 진해지고 동그랗게 만들기도 수월하다.
- 명란에 참기름을 바르면 맛도 좋아지고 반짝이는 명란 사과로 만들 수 있다.

비빔밥에 들어가는 갖가지 재료를 밥을 중심으로 정갈하게 연출해 보았습니다. 각 재료는 랩으로 꽁꽁 감싸 동그란 모양으로 만든 후 담았고, 달걀프라이 역시 쿠키 커터로 잘라서 올렸습니다. 덕분에 동그란 밥, 동그란 재료들, 동그란 달걀프라이까지 모여 있어 귀엽기도, 정갈하기도 하답니다. 비빔밥 재료는 각종 나물이나 냉장고 속 다양한 반찬 등을 사용해도 좋으니 편하게 만들어보세요.

Fancy Bubble Bibimbap

구슬 비빔밥

INGREDIENT

- ☐ 따뜻한 밥 1공기
- ☐ 달걀프라이 1개
- ☐ 당근 잎(35쪽, 또는 다른 허브)
- ☐ 깨(통깨, 검은깨)
- ☐ 원형 쿠키 커터(60쪽)

나물(취향에 따라 선택)

- ☐ 시금치나물
- ☐ 무생채
- ☐ 콩나물
- ☐ 오이
- ☐ 쌈무
- ☐ 오이지
- ☐ 적양배추피클

비빔장

- ☐ 고춧가루 1큰술(기호에 따라 생략 또는 가감)
- ☐ 다진 마늘 1/2큰술
- ☐ 다진 파 1/2큰술
- ☐ 매실청 1큰술
- ☐ 고추장 2큰술
- ☐ 참기름 1큰술
- ☐ 깨(통깨, 검은깨) 약간

PLATING

1 비빔밥 재료를 취향에 따라 준비한 후 물기를 없앤다.
2 밥그릇에 밥을 담은 후 그릇 가운데에 뒤집어 올린 다음 볼에서 밥을 분리한다.

밥 예쁘게 담기 104쪽 참고

3 작은 종지에 랩을 펼친 후 재료를 하나씩 올린다.
4 랩으로 힘주어 감싸 동그란 모양으로 만든 후 밥 옆에 담는다.
5 달걀프라이는 원형 쿠키 커터로 노른자 부분을 동그랗게 오려낸 후 밥에 올린다.
6 비빔장 재료를 섞은 후 따로 담아 비빔밥과 함께 낸다.
7 각 재료에는 깨를, 달걀노른자에는 당근 잎을 올려 장식한다.

TIPS

- 밥과 반찬을 담을 때 비빔밥처럼 한 그릇에 담아도 좋다. 큰 그릇 가운데에 밥과 달걀프라이를 올리고, 가장자리에 반찬을 둘러 담는다.
- 비빔밥 재료는 다채로운 색으로 준비하는 것이 좋다.
- 재료들을 담을 때는 대비되는 색끼리 나란히 두는 것이 더 예쁘다.
- 통깨나 검은깨는 비빔밥 재료의 색과 대비되는 것으로 올린다.
- 달걀프라이는 약한 불에서 천천히 익혀야 모양이 예쁘다.

다진 소고기에 불고기 양념을 더해보세요. 불고기에 비해 다진 소고기 특유의 보슬보슬한 식감까지 느낄 수 있어 더욱 맛있습니다. 여기에 부추, 달걀노른자를 넣으면 알싸하고 고소한 맛도 즐길 수 있답니다. 그릇은 크기가 다른 두 개의 볼을 잘 선택하는 것이 중요합니다. 그래야 그릇 사이 공간이 생겨 재료를 더 고르고 예쁘게 담을 수 있기 때문입니다.

Chive Bulgogi Rice

불고기 부추덮밥

INGREDIENT

- □ 따뜻한 밥 2컵
- □ 다진 소고기 2컵
- □ 마늘종피클 1/2컵(생략 가능)
- □ 다진 양파 2큰술
- □ 다진 파 1큰술
- □ 다진 마늘 1큰술
- □ 송송 썬 부추 1컵
- □ 달걀노른자
- □ 식용 진주알(76쪽)
- □ 허브(30쪽)
- □ 깨(통깨, 검은깨)

양념

- □ 설탕 1큰술
- □ 양조간장 2큰술
- □ 맛술 1큰술
- □ 매실액 1큰술
- □ 피시소스 1작은술
- □ 다진 생강 약간
- □ 소금 약간
- □ 통후추 간 것 약간

COOKING

1 양념 재료를 섞는다.

2 달군 팬에 다진 양파, 다진 파, 다진 마늘을 넣고 센 불에서 볶는다.

3 다진 소고기, 마늘종피클을 넣고 소고기가 뭉치지 않게 볶는다. 다 익으면 양념을 넣고 양념이 졸아들 때까지 볶는다.

PLATING

4 두 가지 크기의 볼을 준비한다.

5 평평한 그릇에 큰 볼을 엎어 올린 후 그릇과 볼 사이에 밥을 펼쳐 담는다.

6 큰 볼을 꺼낸 후 작은 볼을 다시 가운데에 올린다.

7 밥과 작은 볼 사이에 송송 썬 부추를 담는다.

8 작은 그릇을 꺼낸 후 그 자리에 볶은 소고기를 올린다.

9 달걀노른자, 식용 진주알, 허브로 장식한다.

10 깨는 부추와 밥, 부추와 소고기 사이에 둘러 담듯이 뿌린다.

타파스(Tapas)는 식욕을 돋우어 주는 스페인의 애피타이저입니다. 한번에 먹을 수 있는 크기이거나, 한 접시에 조그만하게 나오는 게 포인트입니다. 우리 입맛에 익숙한 누룽지와 김치볶음으로 타파스를 만들었습니다. 누룽지를 준비하고, 그 위에 김치볶음을 올려보세요. 한국 사람이라면 누구나 아는, 그래서 포기할 수 없는 친숙하고 맛있는 타파스가 완성된답니다.

Crispy rice with kimchi

김치 크런치 타파스

INGREDIENT

- ☐ 밥 2컵
- ☐ 날치알 2큰술
- ☐ 송송 썬 청양고추 1개 분량
- ☐ 식용꽃(36쪽)
- ☐ 허브(30쪽)

김치볶음

- ☐ 잘게 다진 김치 1컵(기호에 따라 가감)
- ☐ 송송 썬 파 2큰술
- ☐ 고춧가루 1큰술(기호에 따라 가감)
- ☐ 매실액 1큰술
- ☐ 양조간장 1작은술
- ☐ 액젓 1작은술 (참치액젓, 꽃게액젓, 피시소스)
- ☐ 설탕 1작은술
- ☐ 통깨 1큰술
- ☐ 식용유 1큰술

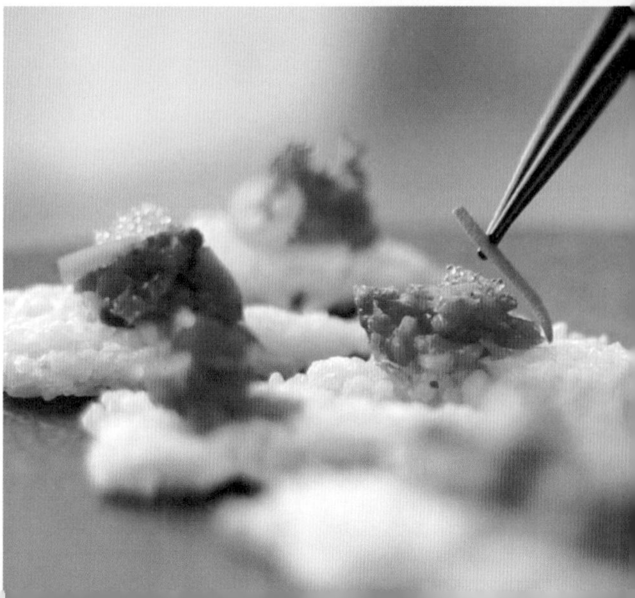

COOKING

1 유산지에 밥을 최대한 얇은 직사각형 모양이 되도록 펼친다.

주걱에 물을 묻혀가며 펼치면 밥알이 붙지 않아 쉽게 펼칠 수 있다.

2 젓가락에 물을 묻혀가며 밥을 삼각형 모양의 한입 크기로 만든다.

3 에어프라이어(또는 예열한 오븐)에 넣고 170℃에서 10분간 노릇하게 구워 누룽지를 만든다. 이때, 중간중간 고르게 익는지 확인한다.

구운 후 설탕을 약간 뿌려도 좋다.

4 달군 팬에 식용유를 두르고 다진 김치, 파를 넣어 중간 불에서 5분간 볶는다.

5 나머지 재료를 넣고 약한 불로 줄인 후 볶아 김치볶음을 만든다.

PLATING

6 삼각 누룽지에 김치볶음을 나눠 올린다.

7 날치알, 청양고추를 올린다.

날치알은 맛술에 담갔다가 헹궈 사용하면 비린맛을 없앨 수 있다.

8 식용꽃, 허브로 장식한다.

TIPS

- 김치는 잘게 다져야 누룽지에 올리기 좋다.
- 다양한 색깔의 날치알을 사용하면 보는 즐거움을 더할 수 있다.
- 마요네즈를 곁들이면 고소한 맛을 더할 수 있다.

한국 사람이면 모두가 좋아하는 메뉴 중 하나가 바로 떡볶이입니다. 떡볶이는 길거리 음식이라는 인식이 강하지만 플레이팅만 다르게 하면 특별한 요리처럼 보일 수 있습니다. 떡볶이 떡과 어묵은 줄을 맞춰서 담고, 가운데에 단무지로 만든 꽃을 올려보세요. 정갈하고 화사한 느낌이 전해진답니다. 빨간 소스의 떡볶이를 담기에도 좋지만 간장 떡볶이 플레이팅에 활용해도 잘 어울려요.

Floral Tteokbokki
플로럴 떡볶이

INGREDIENT

- ☐ 떡볶이용 떡 2컵
- ☐ 얇은 사각어묵 5장
- ☐ 얇게 썬 단무지 1컵
- ☐ 송송 썬 쪽파
- ☐ 통깨
- ☐ 허브(30쪽)

양념

- ☐ 고춧가루 2큰술
- ☐ 설탕 2큰술
- ☐ 양조간장 1큰술
- ☐ 카레가루 1큰술
- ☐ 고추장 1큰술
- ☐ 물 1컵(200㎖)

COOKING

1 사각어묵을 약한 불에서 굽는다.

2 5cm 너비로 길게 썬 후 아코디언처럼 모양을 낸 다음 꼬치에 끼운다. 가장자리를 잘라 정리한다.

3 떡볶이용 떡은 물에 담가둔 후 체에 밭쳐 물기를 뺀다.

4 냄비에 양념 재료를 넣고 센 불에서 끓어오르면 떡볶이 떡을 넣고 중간 불로 줄인다.

5 떡에 양념이 잘 스며들도록 저어가며 5~10분간 끓인다.

PLATING

6 단무지 3개는 2등분, 1개는 3등분한다.

7 작은 그릇에 썰지 않은 단무지를 둘러가며 담는다. 그 위에 2등분한 단무지를 올려 꽃 모양을, 3등분한 단무지를 올려 꽃술처럼 만든다.

8 큰 그릇의 가운데에 단무지를 담은 그릇을 올리고 떡볶이 떡을 4개씩 나란히 줄 세워 둘러 담는다.

9 소스를 부은 후 어묵을 떡볶이 떡 사이에 채운다. 송송 썬 쪽파, 통깨, 허브로 장식한다.

TIPS

- 떡볶이 떡 사이에 어묵을 채우면 정갈한 느낌이 난다.
- 단무지는 얇게 썰수록 모양을 잡기 쉽다.

1 2 3
4 5 6
7 8

고소한 향과 담백한 식감이 매력적인 들기름 메밀국수. 자유분방한 김가루 덕분에 어떻게 담아도 정리되어 보이지 않는다는 단점이 있는데요, 들기름 메밀국수도 정갈하게 담을 수 있습니다. 삶은 메밀국수를 먼저 담은 후 갈아서 동그랗게 만든 무, 명란을 올려 입체감을 더하고, 모양낸 파로 자연스러운 잎 모양을 연출해 담습니다. 김가루와 통깨는 예쁘게 정리가 안 된 국수 쪽에 올려 가리는 것도 방법입니다.

Buckwheat Noodle

들기름 메밀국수

INGREDIENT

- ☐ 메밀면 2인분
- ☐ 강판에 간 무 1컵(갈아서 물기 제거한 것)
- ☐ 명란 1개(껍질 제거한 것)
- ☐ 김가루 약간
- ☐ 통깨 약간
- ☐ 모양낸 파(18쪽)
- ☐ 허브(30쪽)

소스

- ☐ 물 1/2컵(100㎖)
- ☐ 쯔유 1/2컵(100㎖)
- ☐ 들기름 1/2컵(100㎖)
- ☐ 아가베시럽 2큰술

COOKING

1 메밀면은 제품 포장지에 적힌 설명대로 삶은 후 찬물에 헹궈 물기를 뺀다.

2 간 무는 면포에 감싸 물기를 완전히 없앤다.

3 무, 명란은 각각 동그랗게 만든다.

4 볼에 소스 재료를 섞는다.

PLATING

5 삶은 메밀면을 흐르는 찬물에서 풀어주며 정리한다.

6 메밀면을 손으로 감싼 상태 그대로 그릇에 올리고 꽈리를 틀 듯 비틀어 꼬면서 동그란 모양으로 만든다.

7 젓가락에 물을 묻혀가며 바깥 부분의 메밀면을 정리한다.

8 동그랗게 만든 간 무, 명란를 가운데에 올린다.

9 모양낸 파, 허브를 올리고, 국수가 정리되지 않은 쪽에 김가루, 통깨를 올려 가린다.

10 가장자리에 소스를 붓는다.

TIPS

소스를 차게 만들어 즐기면 더욱 맛있다.

1	2
	3
4	5
6	7

비빔국수는 진한 양념 때문에 예쁘게 담기가 쉽지 않은 편입니다. 그래서 비빔국수에 고명으로 주로 사용하는 오이를 다른 방식으로 더해보았습니다. 얇고 길게 썬 오이로 국수를 덮고, 쌈무로 만든 꽃을 올려 플레이팅의 화룡점정을 찍었답니다. 사용하는 쌈무의 색깔에 따라 다양한 비주얼이 완성될 수 있습니다. 초록색 꽃은 와사비쌈무로, 노란색 꽃은 레몬쌈무로 만들면 됩니다.

Spicy Noodle like gift

쌈무 오이김치비빔국수

INGREDIENT

- □ 국수 2인분(소면, 중면 등)
- □ 오이 1개
- □ 쌈무 약간
- □ 통깨
- □ 허브(30쪽)

김치무침

- □ 다진 김치 1컵
- □ 설탕 2큰술
- □ 식초 1큰술
- □ 참기름 2큰술
- □ 꽃게액젓 1작은술(또는 피시소스)

비빔장

- □ 고춧가루 2큰술
- □ 다진 마늘 1큰술
- □ 식초 2큰술
- □ 시판 배음료 1큰술
- □ 양조간장 1큰술
- □ 고추장 6~7큰술
- □ 물엿 2큰술
- □ 참기름 1큰술
- □ 통깨 약간

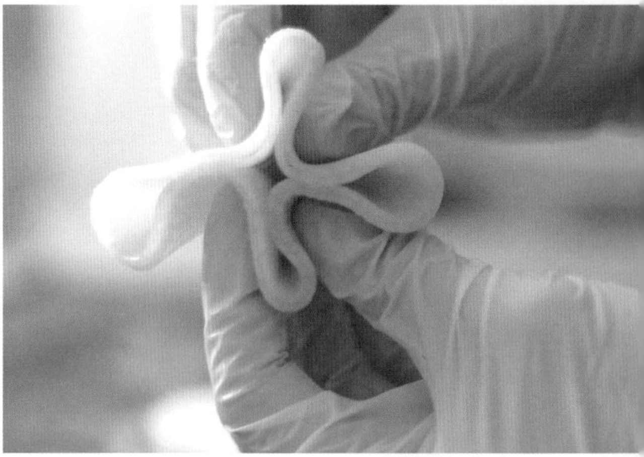
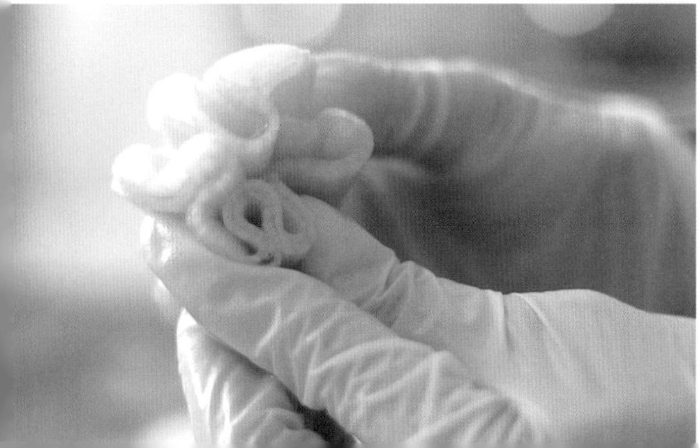
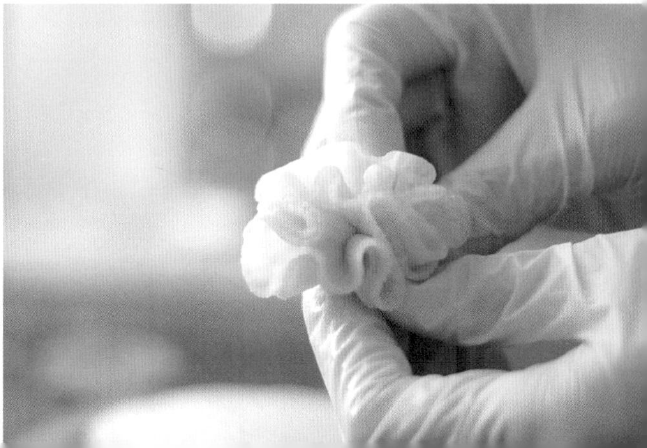

COOKING

1 필러로 오이를 길고 얇게 썬다.
2 볼에 김치무침 재료를 섞는다.
3 비빔장 재료를 섞어둔다.
4 국수를 삶은 후 찬물에 헹궈 체에 밭쳐 물기를 뺀다.
5 큰 볼에 국수, 김치무침, 비빔장(기호에 따라 양 조절)을 넣고 잘 비빈다.

PLATING

6 그릇에 ⑤를 담는다.
오이로 국수를 덮을 것이기 때문에 예쁘게 담을 필요가 없다.
7 슬라이스한 오이를 국수 위에 조금씩 겹쳐가며 돌려 담는다.
8 오이를 국수 아래로 집어 넣는다.
9 쌈무는 물기를 없앤 후 접어서 꽃 모양으로 만든다.
10 국수에 쌈무 꽃을 올리고, 허브로 꽃의 잎 모양처럼 장식한다.
11 가장자리에 통깨를 뿌린다.

TIPS

- 쌈무를 2장씩 겹쳐서 만들면 더욱 풍성한 쌈무 꽃이 된다.
- 쌈무의 물기를 완전히 없애야 꽃 모양이 잘 잡히고 유지된다.

간장 소스에 비벼 먹는 지극히 평범한 국수를 특별하게 만들어보았습니다. 양념의 재료인 간장을 한천가루와 함께 끓인 후 굳혀 간장젤리로 만든 다음 다양한 크기로 잘라서 사용해보세요. 해조류를 먹는 듯한 맛과 식감을 주고, 각도에 따라 반사되는 다양한 반짝임이 보석처럼 보이게 합니다.

Noodle with Soy Jelly

간장 보석국수

INGREDIENT

- □ 국수 2인분(소면, 중면 등)
- □ 참기름 약간
- □ 허브(30쪽)
- □ 통깨

간장젤리

- □ 양조간장 1컵(200㎖)
- □ 물 1컵(200㎖)
- □ 한천가루 1큰술

양념

- □ 물 1컵(200㎖)
- □ 쯔유 1컵(200㎖)
- □ 맛술 1/2컵(100㎖)
- □ 설탕 1/2컵
- □ 통깨 2큰술
- □ 참기름 2큰술
- □ 김가루 약간

1 2 3 4
5 6 7 8

COOKING & PLATING

1 냄비에 간장젤리 재료를 넣고 중간 불에서 끓인다.
2 점도가 생기면 약한 불로 줄여 끈적한 농도가 될 때까지 저어가며 끓인다.
3 납작하고 넓은 그릇에 참기름을 얇게 펴 바른 후 간장젤리를 붓는다.
4 그릇을 움직여가며 얇고 넓게 펼쳐 모양을 만든다.
빠르게 굳으므로 붓고 빠르게 모양을 잡아준다.
5 실온에서 굳힌 후 그릇에서 조심스럽게 떼어낸다.
6 간장젤리를 다양한 크기와 모양이 되도록 자른다.
7 국수를 삶은 후 찬물에 헹궈 체에 밭쳐 물기를 뺀다.
8 볼에 양념 재료를 섞는다.
9 그릇에 국수를 올리고 가장자리에 양념을 붓는다.
국수 예쁘게 담기 108쪽 참고
10 국수의 가운데에 만들어둔 간장젤리를 올린다.
11 허브, 통깨로 장식한다.

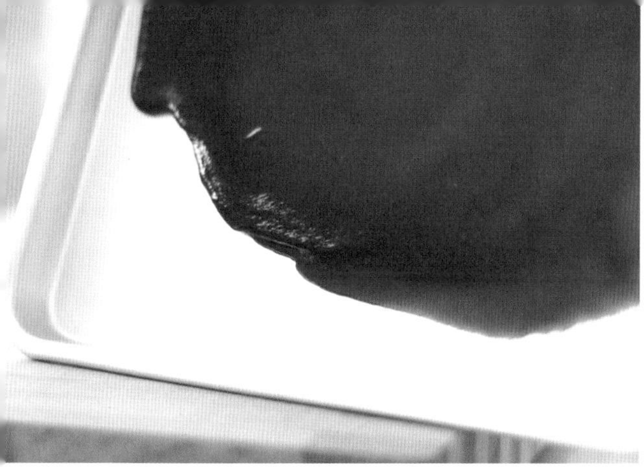

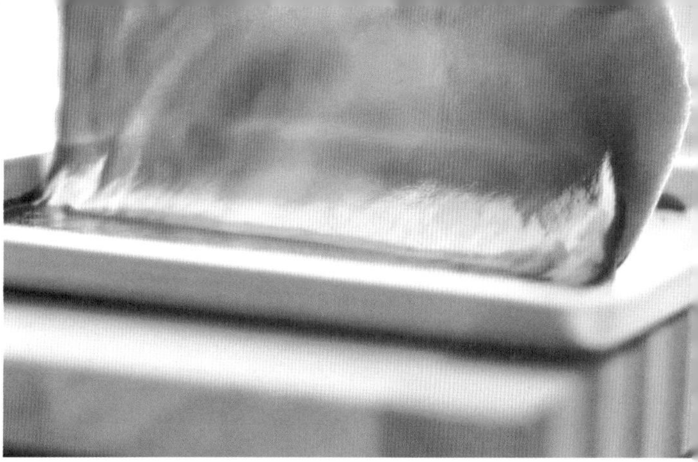

TIPS

- 간장젤리를 작은 사이즈로 자르면 더욱 반짝이는 느낌이 난다.
- 간장젤리를 쿠키 커터(60쪽)로 모양내서 자른 후 다양한 요리에 장식으로 사용해도 좋다.
- 양념을 차게 만들어 즐기면 더욱 맛있다.

수비드(Sous-vide)는 식재료를 비닐에 담가 저온의 물에서 천천히 익히는 식품 조리 방법 중 하나입니다. 저온에서 충분히 익힌 덕분에 부드러운 식감의 요리를 만들 수 있는데요, 물 온도를 정확하게 유지해주는 수비드기계가 필요하다 보니 집에서는 쉽게 해먹긴 어려운 편입니다. 대신 인스턴트팟이나 밥솥을 이용해 수비드를 만들 수 있는 방법을 소개해드릴게요. 수비드로 익혀 얇게 썬 고기와 국수를 달콤 짭조름한 소스에 푹 찍어 먹어보세요. 다채로운 식감과 맛을 동시에 느낄 수 있답니다.

Sous-vide Pork and Noodle

수비드 포크 누들

INGREDIENT

☐ 통 삼겹살 800g(크고 넓적한 사각 형태)
☐ 로즈메리 약간
☐ 소금 약간
☐ 통후추 간 것 약간
☐ 올리브유 1큰술
☐ 국수 1인분(소면, 중면 등)
☐ 콜리플라워 약간(생략 가능)
☐ 채 썬 대파(흰 부분)
☐ 모양낸 파(18쪽)

소스

☐ 설탕 1/2컵(100㎖)
☐ 물 1컵(200㎖)
☐ 쯔유 1컵(200㎖)
☐ 맛술 1/2컵(100㎖)
☐ 매실청 2큰술
☐ 굴소스 1큰술

1 2 3 4
5 6 7 8

COOKING

1 통 삼겹살에 소금, 통후추 간 것을 뿌리고 로즈메리를 올려 동그란 모양으로 만든다.

2 수비드용 비닐백에 통 삼겹살, 올리브유를 넣고 압축하며 공기를 빼서 밀봉한다.

3 인스턴트팟이나 밥솥에 넣고 정해진 시간동안 익힌다.

> **인스턴트팟**
> 57°~63℃ 사이에서 4~5시간(고기 두께에 따라 가감) 정도 익힌다.
>
> **밥솥**
> 고기, 50℃ 정도의 물을 고기가 잠길 만큼 부은 후
> 보온으로 4~5시간(고기 두께에 따라 가감) 정도 둔다.

4 고기의 겉면을 토치로 그을려 노릇하게 만들며 불향을 낸다.

5 고기는 가능한 아주 얇게 썬다.

6 국수와 콜리플라워를 삶는다.

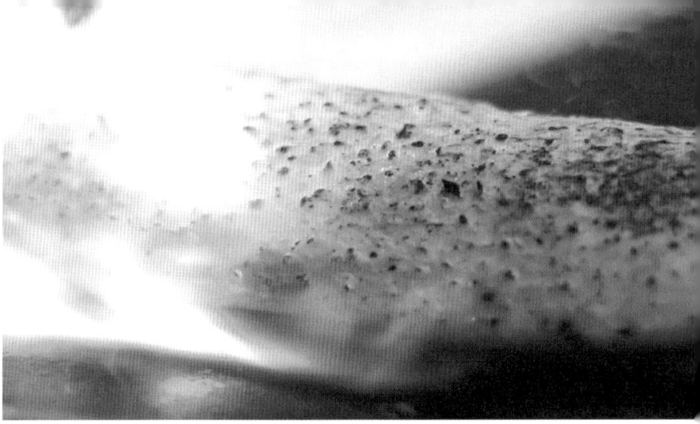

PLATING

7 전골팬이나 그릇에 고기를 동그랗게 담고 가운데 국수를 올린다.
국수 예쁘게 담기 108쪽 참고

8 콜리플라워, 대파 흰 부분으로 장식한다.

9 소스를 부은 후 끓이면서 고기와 국수를 따뜻하게 먹는다.

TIPS

자색고구마, 흑미국수(보라색), 백년초국수(분홍색), 단호박국수(노란색), 연잎국수(초록색) 등 다양한 색깔의 국수를 활용하면 더 화사하게 플레이팅 할 수 있다.

홈메이드 우유맛 아이스크림입니다. 집에서 만들었기 때문에 우유 함량이 높고, 치즈 덕분에 고소하고 진한 맛이 장점이랍니다. 밀크바를 예쁘게 플레이팅하기 위해서는 먼저 아이스크림을 잘 만드는 것이 중요합니다. 몰드에서 매끈하게 분리하는 방법을 적어뒀으니 잘 읽어보고 따라해보세요. 만든 후 초콜릿시럽이나 캐러멜시럽, 연유 등 원하는 소스를 뿌리면 다채로운 맛으로 탄생한답니다.

Milk Ice Pop
밀크바

INGREDIENT

- ☐ 우유 3컵(600㎖)
- ☐ 설탕 3큰술
- ☐ 옥수수전분 4큰술(또는 감자전분)
- ☐ 흰색 체다 슬라이스치즈 2장
- ☐ 올리브유 약간
- ☐ 시럽(초콜릿, 캐러멜 등)
- ☐ 통깨
- ☐ 허브(30쪽)
- ☐ 아이스크림바 실리콘 몰드(54쪽)

COOKING & PLATING

1 냄비에 우유, 설탕, 옥수수전분을 넣고 섞는다.
2 약한 불에서 저어가며 걸쭉해질 때까지 끓인다.
3 치즈를 넣고 녹이면서 5분간 끓인다.
4 아이스크림바 실리콘 몰드에 올리브유를 아주 얇게 펴 바른다.
5 ③을 몰드에 부은 후 윗면을 스패출러로 매끈하게 만든다.
6 나무 막대기를 몰드에 넣고 윗면에 랩을 붙인다.
7 냉동실에서 12시간 정도 굳힌 다음 몰드에서 분리한다.
8 그릇에 담고 초콜릿시럽이나 캐러멜시럽 등을 뿌린다.
9 통깨, 허브로 장식한다.

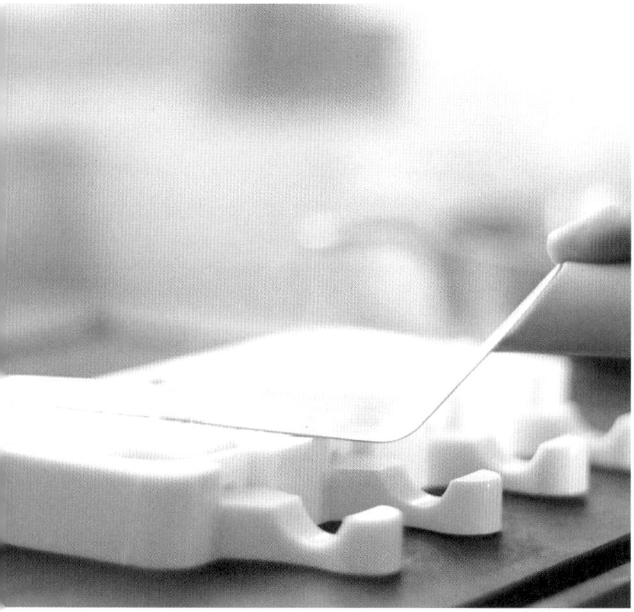

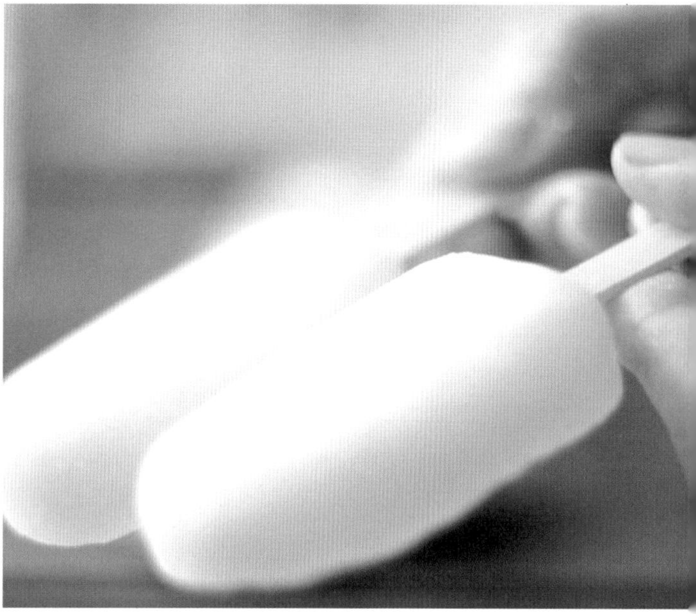

TIPS

- 몰드에 올리브유를 아주 얇게 바르면 굳힌 후 깔끔하고 쉽게 분리할 수 있다.
- 아이스크림 담을 그릇은 미리 냉동실에 넣어 차게 만들면 아이스크림이 쉽게 녹지 않는다.

타르트 반죽을 밀가루가 아닌 달고나로 만들어보았습니다. 달고나 역시 진한 갈색이라 먹어보기 전까지는 다들 밀가루라고 생각할 정도로 깜박 속곤해요. 덕분에 먹은 후 느껴지는 반전 즐거움까지 있는 즐거운 디저트랍니다. 달고나 타르트는 그대로 먹어도 좋고, 속에 원하는 재료를 더해 다양하고 다채로운 디저트로 만들 수도 있습니다.

Dalgona Tart
달고나 타르트

INGREDIENT

- ☐ 설탕 2컵
- ☐ 베이킹소다 아주 약간
- ☐ 머핀 틀
- ☐ 머핀컵 유산지

토핑(취향에 따라 선택)

- ☐ 아이스크림
- ☐ 생크림
- ☐ 초콜릿
- ☐ 과일
- ☐ 슈거파우더

COOKING

1 머핀 틀에 머핀컵 유산지를 넣는다.
2 작은 팬에 설탕을 넣고 중약 불에서 녹인다.
3 설탕이 완전히 녹으면 불에서 내리고 베이킹소다를 조금 넣는다.
4 약한 불에서 연한 갈색이 될 때까지 젓가락으로 빠르게 섞는다.
5 녹인 설탕을 머핀컵 유산지에 나눠 붓는다.
6 머핀컵 유산지를 1장 더 겹친 후 밀대로 힘주어 누른다.
7 그대로 굳힌 후 머핀컵 유산지를 떼어낸다.

PLATING

8 아이스크림이나 생크림, 초콜릿, 과일 등 토핑을 다양하게 올린다.

TIPS

- 달고나를 만들 때 너무 센 불에서 조리하면 설탕이 쉽게 탈 수 있으므로 불 세기를 주의해서 조절한다.
- 팬을 위아래로 움직이면 설탕을 녹이기에 더 수월하다.
- 베이킹소다를 많이 넣으면 쓴맛이 난다. 따라서 젓가락으로 찍어 소량만 사용한다.
- 갓 만든 달고나는 매우 뜨거우므로 주의한다.

파스타의 한 종류인 콘킬리오니는 특별한 모양과 큰 사이즈 덕분에 디저트로도 잘 어울립니다. 콘킬리오니를 알덴테로 익힌 후 자연 건조시킨 다음 코코아가루, 슈거파우더, 시나몬가루 등을 뿌려 보세요. 만들기 쉽고 특별한 디저트가 탄생해요. 홈파티에 내놓으면 다른 어떤 디저트도 부럽지 않을 정도랍니다.

Pasta Dessert with Chocolate

초콜릿 벨벳 파스타

INGREDIENT

☐ 콘킬리오니 파스타면 10개

토핑(취향에 따라 선택)

☐ 코코아가루
☐ 설탕
☐ 누텔라(또는 초콜릿잼)
☐ 미니 초코칩
☐ 슈거파우더

장식(취향에 따라 선택)

☐ 허브(30쪽)
☐ 식용 금(42쪽)

COOKING

1 콘킬리오니 파스타면은 제품 포장지에 적힌 설명대로 익혀 알덴테 상태로 만든다.

알덴테는 씹었을 때 조금 설익은 느낌의 꼬들꼬들한 상태를 말한다.

2 익힌 후 찬물에 헹구지 않고 그대로 물기를 뺀다.

PLATING

3 콘킬리오니에 고운 체로 설탕을 먼저 뿌린 후 코코아가루를 뿌린다.

콘킬리오니의 안쪽, 바깥쪽에 고루 뿌린다.

4 콘킬리오니 속에 누텔라를 채운 후 미니 초코칩을 올린다. 허브, 식용 금으로 장식한다.

TIPS

- 콘킬리오니를 너무 오래 익히면 특유의 모양이 무너지기 때문에 알덴테 조리 시간을 정확하게 지키는 것이 중요하다.
- 자연적으로 물기를 없애야 모양이 그대로 유지된다.

Index

일상의 식탁을 빛나게 하는

플레이팅 레시피

1판 1쇄 펴낸 날	2024년 5월 2일
1판 2쇄 펴낸 날	2024년 6월 4일

편집장	김상애
책임편집	이소민
디자인	온마이페이퍼
사진	고네뜨(한지원), 정하윤
기획 · 마케팅	내도우리, 엄지혜

편집주간	박성주
펴낸이	조준일

펴낸곳	(주)레시피팩토리
주소	서울특별시 용산구 한강대로 95 래미안용산더센트럴 A동 509호
대표번호	02-534-7011
팩스	02-6969-5100
홈페이지	www.recipefactory.co.kr
애독자 카페	cafe.naver.com/superecipe(레시피팩토리 프렌즈)
인스타그램	@recipefactory
출판신고	2009년 1월 28일 제25100-2009-000038호

제작 · 인쇄	(주)대한프린테크

값 32,000원

ISBN 979-11-92366-36-4 13590